THIS IS ROCKET SCIENCE

An Activity Guide
70 Fun and Easy Experiments for Kids to Learn More About Our Solar System

玩转火箭的
70个小实验

EMMA VANSTONE

[英]艾玛·万斯通 著 许粟芸 译

湖南科学技术出版社

谨以此书，献给扎克、汉娜和查理，你们每一天都予我以启迪。

☆ ☆ ☆

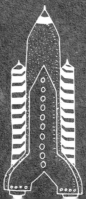
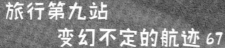

前　言

在英语中有这样一句习语表达"It's not rocket science"，常常用于形容某件事稀松平常，并不困难。此处的"rocket science"原意为"火箭科学"，后被引申为"复杂困难的事情"，由此可见人们认为火箭研究非常艰深。的确，太空发射是机械工程学与科学领域内一项无与伦比的壮举，但是，其中所蕴含的原理其实并不像大多数人想的那么复杂。通过本书中的 70 个科学小实验，我们将循序渐进，共同探索火箭升空背后的秘密。

将航天器送入太空所需要的力量之大，令人难以想象。航天器升空时首先需要克服的就是地球引力，在进入外太空后还需要应对各种各样难以预料的威胁。即使太空航行顺利结束，回程依然一波三折。航天器在通过地球大气层时，需要承受与空气之间的剧烈摩擦及在该过程中所产生的巨大热量。

《玩转火箭的 70 个小实验》一书旨在研究航天飞船在来往太空和地球之间受到的各种力的作用。在这本航天指南中，你将学习到如何利用身边随手可得的材料，如瓶子、软木塞和胶卷盒等，做出属于自己的火箭；学习到如何降低空气阻力及摩擦；学习到如何利用空气阻力延缓降落等等一系列知识。除此之外，我们还将一起探讨科学家们在研究航空航天、太阳系航行、测量星际距离及星球特征时所遇到的某些难题。

偶尔翻阅一下这本书吧，你一定能从中获得些许灵感。希望你能勇于创新，学有所得，并乐在其中。在接下来的内容中，你将开始学习牛顿运动三定律，请认真领悟其中道理，并将之与自己的日常生活联系起来吧！

你曾经有过在屋里解开充好的气球，看着它猛然窜出，四处乱飞的经历吗？这生动体现了牛顿第三运动定律。气流从气球内部冲出所形成的反作用力推动气球向前运动。类似的，火箭升空时，其引擎排气管向下释放出大量热空气，产生了与之相对的巨大反作用力，向上推动火箭离开地面。一艘火箭是如此之重，为摆脱地球引力，它必须以极快的速度向上运动，而这所需要的推动力，大到超乎人们想象。

在接下来的实验项目中，你需要像科学家们一样，认真观察，仔细测量，并和同伴相互交流彼此的发现。当你在测量物体时，你需要找到最佳方法，想想是用尺子还是其他更大的度量工具。太阳系是如此浩瀚广阔，如何才能测量它呢？这本书将告诉你想要的答案。当你完成某个实验时，希望你能不止步于此，而是再开动脑筋，尝试改变某个变量，看看会发生什么样的事情。比如说，当你在做胶卷筒火箭实验时，按要求在胶卷筒里装了一半的水，实验完成后，把水加满再看看会发生什么，说不定会有新的发现。除此之外，你还需要考虑如何将自己的科学发现与更多人分享，不妨尝试着做个小视频来进行展示吧。

这本书里的每个实验都是相互独立的，你不必硬要按照顺序进行，而是可以根据你的兴趣做出选择。另外，如果你在做某个实验时，没有立即得到预期的结果，也不要着急或是灰心，可以略微改动实验设计，再试一次。花上些许时间，全身心地享受这场太空之旅吧。

此外，所有科学家都会通过记笔记、录数据、绘图表、拍照片等方法追踪实验发展。作为小小航天科学家的你，也同样需要这样做。你的首要任务就是要制作一张属于你自己的独一无二的太空护照，用于记录纷繁奇妙的航天之旅。

带上太空护照，出发！

我们即将进入宇宙，环游太阳系再返回地球。在此之前，你能准备一本太空护照来记录你的旅行吗？你可以在上面记录下火箭升空的瞬间、奇妙的太空生活、前往每个星球的旅行经历和最后成功着陆地球的心得体会。

制作太空护照需要以下材料：

☆ 一本笔记本

☆ 几只钢笔、碳素笔或铅笔

此外，你还需要花时间考虑如何以最好的方式来记录实验数据。你可以选择设计图表，添加照片，画草图或示意图还有列出每天实验发现等方法。当然，你也可以自行思考，找到其他合适的记录方式。

旅行第一站
有趣的引力

　　你曾经好奇过，为什么自己跳起来却没有被抛到太空里去吗？火箭跟自己相比那么重，又是怎么样才能离开地面，飞向苍穹呢？又或者，你是否思考过为什么一辆玩具车在驶下斜坡时要比在平面上行驶快得多呢？要弄清楚这些问题的答案，我们首先需要了解力的概念。我们的身边随时随地围绕着各种各样的力，其中，引力是有着较大影响的力之一。它将物体拉向地球，令我们在地球上行走，而不会飘向太空，不仅如此，它的存在，正是地球和其他行星围绕太阳运转的重要原因。也正是因为引力的作用，飞机和火箭升空才需要引擎提供巨大的推力。

　　在火箭科学领域，引力可是个大问题。因为想要飞船能顺利进入太空，首先需要克服地球的引力作用。当火箭向上的推力始终大于地球引力和使其减速的阻力时，它便能保持加速状态，最终成功发射。

　　想象一下，若是我们的生活中缺少引力，会发生怎样天翻地覆的变化呀。我们只能将自己拴在地球上以防飘走，可即便如此，大气层和江河湖海却将全部浮动在太空中了！

噼里啪啦，泼溅色彩

☆ 背后的科学——引力

为什么放开手中拿着的东西时，它们总是往下掉呢？为什么我们不能悬浮在地面之上呢？又是因为什么原因，航天员们在月球上能比在地球上跳得高得多呢？这些现象的出现都是源于一种被人们称为"引力"的强大拉力。

引力存在于世间万物，质量越重的物体产生的引力越大，月球和地球相比要轻得多，它所产生的引力也就更小。与在地球上相比，航天员们在月球上受到的引力作用要小很多，大概只有在地球上所受引力的1/6，这就是为什么他们能在月球上跳得更高。

让我们准备好以下材料，赶快开始我们的第一个实验吧！

☆ 一大张白纸（白纸板）或者一块白布
☆ 可装水的小气球若干
☆ 小漏斗一个
☆ 无毒水性颜料若干
☆ 足量自来水

实验开始前，你首先要征得父母或长辈的同意。接下来，你需要在户外找一处开阔场地，将白纸或白布平铺于地面上之后便可以开始制作颜料球啦。先要把气球吹起来，再把气放掉，这样做是为了便于之后灌入水和颜料。把一个小漏斗插入气球口，拿稳后将适当量的颜料从漏斗口倒入气球中，再将气球灌满清水后扎紧，两手托着气球将颜料和水充分摇匀。需要注意的是，灌满了水的气球很容易破裂，所以在摇动和放置时都要非常小心。按上述方法做好足量的颜料球后，不要急着开始，可以先预想下自己要如何完成喷溅画。当把颜料球扔下时会发生什么呢？你可能会觉得，颜料球自然会往下坠落到画纸上，"嘭"地一声炸裂开来。但是，这是为什么呢？难道颜料球绝对会炸开吗？请牢牢记住，这稀松平常的现象背后是因为地球引力的存在和作用。但除此之外，还会有什么其他现象产生吗？赶紧开始动手去寻找问题的答案吧！

把一个颜料球尽力举到最高处，然后松手，它将飞速下坠到地面，但它摔破了吗？如果没有，其背后的原因又是什么呢？思考下自己应该怎么做才能让颜料球在落地时

喷溅开来呢？此外，你不妨试着从不同高度放开颜料球，看看情况如何：你可以站到椅子上或者让父母抱着你，从更高的地方松掉颜料球；也可以蹲下身来，从低处将颜料球丢出。仔细观察从不同高度掉落的颜料球喷溅出来的图案特点有什么规律可循吗？还有，你能发现从高处和低处掉下的颜料球所喷溅出的图案有什么差异吗？这又是为什么呢？开动脑筋，努力弄清这背后隐藏的秘密吧。

伴随着颜料球碎裂的噼里啪啦声，白色的画布上飞溅出美丽的色彩，构成了迷人的图案，属于你的画作也就大功告成啦。但开心之余，可不要忘了把场地收拾干净，将气球碎片捡起丢入垃圾桶内哦。

☆ 趣味拓展

再试试看同时丢下一个充满空气的气球和一个装满颜料和水的气球，你觉得它们会同时到达地面还是会先后到达呢，哪个会先到呢？为什么呢？

☆ 学习园地

这个实验通过颜料球的下落来表现引力对物体的向地作用，而里面的颜料在落地时喷溅出来，将颜料球在撞向地面一瞬间所受到的冲击力大小具体化，帮助我们能够更加形象地体会其撞击地面时的最终速度对泼溅出的图案大小的影响。当一个物体从越高的地方落下时，其最终的触地速度也就越快，这点我们要好好记住。

火箭发射筒就位!

☆背后的科学——飞行轨迹,引力

这次的实验非常有趣,能帮助我们迅速掌握关于飞行轨迹和引力的知识。但你拉引绳后再快速放开时,你会发现发射筒里的绒球并不会直接掉落地面。这是因为,有两种力在影响着绒球的运动。一种是我们已经有所了解的引力,它会不断拉动绒球向地面运动;然而另一种发射筒内所产生的推力却让绒球向筒口所朝前方运动。这两种运动组合起来,才使得绒球划出一道弧线,渐渐落向地面。

实验开始前,我们需要备齐以下材料:

☆ 弹性较好且结实的长橡皮筋一根
☆ 两个一大一小长约 30 cm 的卡纸筒,小的刚好可以塞入大的中
☆ 一把螺丝刀或其他能打孔的工具
☆ 适合小卡纸筒的卡纸盖或塑料盖一个
☆ 胶带适量
☆ 多个彩色小绒球或小球
☆ 用于装饰的彩纸和颜料

首先将橡皮筋剪一个口,使之成为单段。然后在大卡纸筒一端往上约 3 cm 的地方用螺丝刀或其他工具在其两侧戳出左右相对的两个小洞。另外在小卡纸筒的中部两侧也分别打出两个相对的小洞,以保证当两个纸筒的两侧小洞对齐时,较小的卡纸筒有一部分可以伸出大纸筒外,方便拿住。将小纸筒一侧用盖子和胶带封死,你还可以发挥创意,利用彩纸和颜料去装饰盖子和纸筒的筒身。接下来,

你需要一只手拿着大纸筒,将有孔的一端朝下,另一只手握着小纸筒,将有盖的一段朝下,再将小纸筒从上往下塞入大纸筒中,直到两筒间的小孔对齐。然后,你把橡皮筋从对齐的孔中穿过,再用胶带把橡皮筋牢牢固定在大纸筒两侧,简易发射装置就完成了。拉动内部小筒,再放开,检测发射装置能否正常使用。将绒球放入发射装置内,拉动内部小筒后再放开,你会发现绒球就会纷纷被弹向空中了。

☆ 趣味拓展

如果换用更大、更重的绒球或小球,它们还能和之前被弹射出去的一样远吗?

你能测量出不同尺寸的绒球或小球所飞出的距离吗?

☆ 学习园地

在发射时,一艘真正的火箭是通过其引擎产生的向上推力来克服引力对其产生的下拉作用的。要想火箭能发射成功,这股向上的推力必须要大于引力才行。

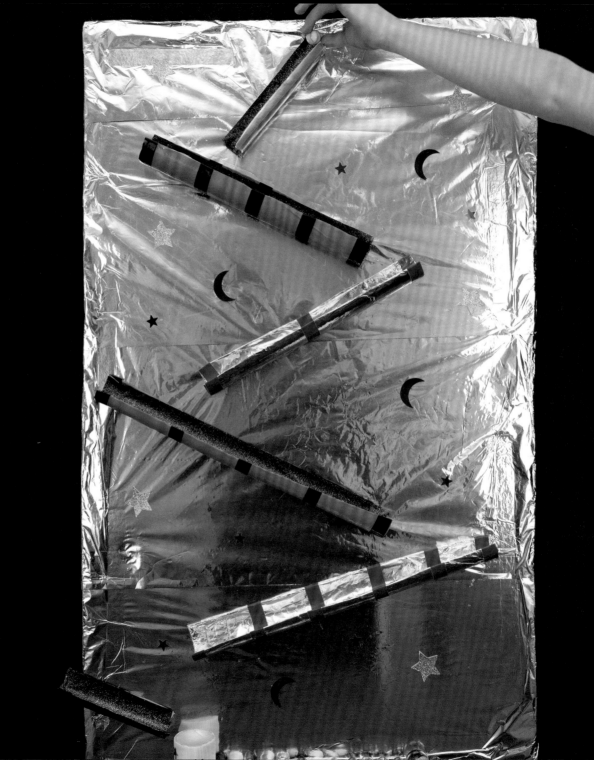

太空弹珠之旅

✿背后的科学——摩擦力，引力

一场完美的弹珠之旅意味着弹珠从始至终都能毫无阻碍地滚动。这听起来有些困难。但别着急，或许在知道让弹珠滚动需要哪些力的作用后，你能得到启发。

首先少不了引力的作用，它拉动弹珠滚下坡道；同时，弹珠与坡道之间相互摩擦而产生的摩擦阻力则在不断使弹珠的滚动速度减缓；最终，当摩擦力大于引力的分力时，小球将慢慢停止运动。

这次的实验我们需要用到的材料有：

✰ 对半剪开的长纸筒若干
✰ 一大张硬纸板
✰ 胶带或者胶水
✰ 弹珠若干
✰ 用于装饰的铝箔、彩色卡纸、颜料或彩笔
✰ 气泡纸（不是必需）
✰ 餐巾纸或卷纸（不是必需）

先将对半剪开的长纸筒改成不同长度，注意所有纸筒改好后的长度都不能超过硬纸板的宽度。你可以用铝箔纸、彩色卡纸或者颜料等装饰剪好的纸筒和硬纸板。然后将纸筒一一在硬纸板上比划下，计划好弹珠坡道的大概位置。在此期间，你需要思考，自己想要个长而缓的弹珠坡道还是个短而快的呢？怎样放置纸筒才能让弹珠快速滚动，而怎样做才能使其速度变缓呢？确定好后，用胶带或者胶水将纸筒粘好在硬纸板上。

我们可以先预想一下弹珠会怎样运动。由于引力的作用，它们可能会向下滚动，又会因为摩擦力的存在而逐渐减速，但怎么样才能使弹珠朝前运动呢？这需要让弹珠滚动速度快到足以摆脱引力的向下作用。不妨试试这样的坡道搭配。先设置一条极为陡峭的长坡道，再在这条坡道下方接一条与其倾斜方向相反的短坡道。可以先做几个预实验，看看长坡道的位置需要怎样放置，才能让滚下的弹珠克服引力影响，到达短坡道的顶端呢？用一颗弹珠试试吧，它能像你预期的那样运动吗？

✿ 趣味拓展

约上你的朋友们，组成两队，比一比哪个队能做出最好的弹道设计，能保持弹珠滚动的时间最长吧。为了公平起见，两队所用的纸筒长度都必须相同。

你能试着通过改变弹道表面的材质来让弹珠滚动速度减缓吗？不妨试试用气泡纸或者纸巾粘在弹道内部，使其表面变得粗糙，这样就能加大摩擦力，让小球运动得更慢啦！

✿ 学习园地

猜猜看，需要怎样做才能设计出一条非常长但弹珠却始终能在上面滚动的坡道呢？

温馨提示：你或许需要好好考虑下这条坡道的坡度大小，使弹珠在上面滚动时恰好克服摩擦力的作用，从而不断地向前滚动。

星际弹珠台

✡背后的科学——引力

一场有趣的弹珠之旅刚刚结束，我们明白了有引力和摩擦力这两种力作用在运动的物体上。现在，我们又要乘着小小弹珠在星际间开始穿梭啦！与我们之前所做的太空弹道有所不同，这次我们要做的是弹珠台。关键在于，我们需要想办法让弹珠在最开始时克服引力的作用向上运动，之后，又要让它受引力作用影响而向下掉落。

制作弹珠台时，有诸多影响因素必须考虑到。第一，要想想怎么样把弹珠向上发射出去，使其之后能快速落下；其次，我们还需要在弹珠坠落途中布置一些障碍物来减缓它的下降速度。如果你足够有冒险精神，还可以自己尝试着制作一个投掷机关，当弹珠落在上面时，把投掷机关按下再放开，弹珠就会被重新弹起。

我们这次用到的材料有：

- ✡ 浅纸盒一个
- ✡ 小卡纸筒若干
- ✡ 吸管若干
- ✡ 胶带
- ✡ 美工刀
- ✡ 卡纸条若干
- ✡ 弹珠或小球

制作弹珠台所用的纸盒不能太深，如果用的是带顶的盒子，需要裁剪掉盒子顶部，只留下一个底面和四个侧面。接下来，我们需要制作一个小型弹珠发射器。这将用到一大一小的两个卡纸筒，小筒要能恰好塞入大筒中。如果找不到合适的小纸筒，也可以把适量的吸管用胶带结实地捆在一起来替代。除此之外，你也可以按照之前制作火箭发射筒的办法来完成弹珠发射器。该步骤结束后，我们要用美工刀在纸盒一侧开一个小孔，让弹珠发射器刚好能穿过纸盒，再用胶带把发射器固定好（如图所示）。最后，我们还要在发射器顶部的两个纸盒角上粘卡纸条，把原本呈"L"型的结构变成圆弧状。这样一来，弹珠被弹射上去碰到弧形卡纸条后会改变下落方向，而非直上直下。

如何布置弹珠台中的障碍物也是我们要考虑的重点。如果你想让弹珠下落速度加快，就把斜坡做得陡一些，相反地，把坡度变得平缓，方能让弹珠下落速度减慢。

✡ 趣味拓展

让我们共同开动脑筋，想想如何让做好的弹珠台更有趣吧！你可以试着在弹珠台中设计一些小洞，当弹珠滚到那儿时就会掉下去。

除了上面提到的方法，聪明的你还能想到哪些减缓或者加快弹珠降落速度的好主意吗？比如说，你可以把弹珠台靠在一摞书上，通过调节倾斜度来改变弹珠下落的速度。通过实验，你可能会注意到，弹珠台的倾斜度越大，弹珠下落的速度会越快。

✡ 学习园地

弹珠的下落速度受到许多因素的影响。首先关乎弹珠台被放置的倾斜度大小。倾斜度越大，弹珠下落速度越快。如果想要让其减速，则可以通过在途中增加斜坡的办法达到。此外，长而缓的斜坡比短而陡的斜坡更能减缓弹珠的下落速度。你想要拥有怎样的星际之旅呢？在实验前，你就需要根据这些规律认真规划以达到预期的效果。

成功！宇航员平安落地

☆背后的科学——引力

你曾有过失手没拿稳鸡蛋，看它掉下，碎了一地的经历吗？当你松开某个东西时，它就会在引力作用下向地面坠去，在此期间，其下落速度会变得越来越快。请牢牢记住，重力（又称地球引力或地心引力）就是将物体垂直拉向地面的那个力。

那么如何能避免鸡蛋在与地面相撞时因冲击力而破碎呢？一个可行的办法是在鸡蛋外部构建保护层，以防硬着陆的冲击力对鸡蛋造成损伤。这和科学家们在设计宇航员的返回舱时有着相似的原理。另外，如果你不想把家里弄得一团糟，最好把鸡蛋煮熟。

这次的实验我们需要准备这些材料：

☆ 卡纸筒若干（可以用卷纸的纸芯）

☆ 用于装饰的彩色卡纸若干

☆ 鸡蛋若干（最好煮熟）

☆ 足量棉花、气泡纸、纸巾或软面团

☆ 胶带

☆ 卷尺或直尺

我们现在面对的挑战是要想方设法保证鸡蛋宇航员都能安然无恙地重返地面。我们先将彩色卡纸剪成两个相同大小的三角形，对称粘在纸筒下端，构成火箭的尾部。然后用其他颜色的卡纸剪出一个扇形，注意其呈弧形的一边长度要等于或大于纸筒的周长，将其两直边用胶带粘起来，再固定到纸筒上端，我们的火箭头就做好啦。

接下来的时间，我们需要想出保护鸡蛋宇航员在落地时免受伤害的办法。用棉花把鸡蛋厚厚地裹好，再塞入纸筒中，也可用气泡纸、纸巾、软面团或其他任何你觉得可能有帮助的材料将鸡蛋包裹好，让其在纸筒内不会随便移动。你可以轻轻晃动下纸筒进行检测，如果不行，就需要重新固定，直到鸡蛋不再轻易摇动后，将火箭底用胶带封死。

火箭准备好后，我们需要寻找合适的试验场地。只有坚硬的地面才能真正测出我们对鸡蛋宇航员的保护措施是否有效。准备就绪后，将火箭从尽可能高的地方丢下。需要注意的是，为了保证每次实验的公正性，我们需要用尺子或者卷尺进行测定，以保证每次火箭下落的高度相同。或者你也可以请别人帮忙，让他每次都从他所能够到的最高处将火箭扔下。

啪嗒！火箭落地啦，快打开舱门看一看，你的宇航员是否安然无恙呢？

☆ 趣味拓展

你可以在生鸡蛋较大的那头钻个小孔，用牙签或小棍伸入蛋中搅动，让蛋液流到碗里，留下完整的鸡蛋壳；然后用彩笔在蛋壳上绘制出人脸和装饰，让它看起来像宇航员一样。你可以做几个不同形象的鸡蛋宇航员，将其包装好送给朋友或同学。开动脑筋，要怎样包装才能让鸡蛋宇航员在运送过程中毫发无损呢？

梦幻的磁力航行

☆背后的科学——磁力，引力

推进器进发出的巨大推力保证了火箭能摆脱引力的作用而成功升空。除此之外，还有什么其他办法吗？接下来的磁铁实验就给我们提供了一个简单可行的新思路。

磁铁有两极，一个北极，一个南极。当我们把两块磁铁放在一起时，就会出现异极相吸，同极相斥的现象。此外，磁铁也会吸引铁制品，本实验正是利用了磁铁的这个特性。

起航前，请先准备好下面这些材料哦。

☆ 黑色和白色的卡纸若干
☆ 纸板箱或大鞋盒一个
☆ 粉笔或蜡笔若干
☆ 足量双面胶和胶带
☆ 细线若干
☆ 铁质回形针一个
☆ 磁铁一块

需要注意的是，实验过程中，请家长务必在旁边监督，以防孩子误吞磁铁或回形针等零件。

让我们先构想下自己要创建的宇宙图景是什么样的。宇航员们可能正在月球表面行走，可能正在追寻火星奥秘，可能正漂浮在太空中，也可能正向宇宙更深处探索。构建好画面后，我们将黑色卡纸裁剪到和纸箱底板同等大小，用粉笔或蜡笔在上面画出刚想好的太空场景，然后用双面胶把卡纸粘牢在纸箱底上。

接下来，我们需要把细线一端缠绕在回形针上并系紧。把纸箱竖直放好，上端放一块磁铁，看看回形针是否有被

磁铁吸起来呢？如果没有，试着将回形针和磁铁间的距离缩短或者换一块更大的磁铁。回形针被成功吸起后，我们将细线另一端用胶带固定在纸箱下侧，注意细线的长度不要太长，也不要太短，要刚好能让回形针看起来仿佛悬浮在空中。在白纸或白色卡纸上画出宇航员或者火箭的图案并剪下夹在回形针上，我们的宇航员就能在天际自由翱翔了。

☆ 趣味拓展

试着将磁铁四处移动，看看你的飞船和宇航员是否也会跟着四处移动或旋转呢？

在保证回形针不下落的前提下，回形针和纸盒上端的距离最远能达到多少呢？

☆ 学习园地

在本实验中，因为磁铁对回形针的磁力吸引作用大于回形针和纸片所受到的引力作用，所以它们才能悬浮在空中，而不会落下。但如果你将回形针向远离磁铁的方向拉动，其所受到的磁力就会减少，而引力不变，就会让回形针和纸片开始下落。

旅行第二站
奇妙的摩擦力

　　火箭升空过程中，其表面与空气剧烈摩擦产生了巨大的摩擦力。这是除引力外，火箭受到的另一种力。在科研工作中，我们将这种现象称为"空气动力摩擦"。通常，火箭会被设计成流线型以减少摩擦力对飞行的不良影响。

　　摩擦力是一种存在于相互接触的两运动物体之间，并能减缓两者相对运动速度的力。想象一下，我们将两条缎带相互摩擦时，会感觉整个过程非常顺滑轻松，好像没有什么摩擦力的阻碍。但当我们把两块厨房抹布放到一起上下搓动时，就会感到要吃力许多，这是因为两者之间产生的摩擦力更大。同理，当你想从雪坡上飞速滑下时，你就需要一块极为光滑的滑雪板，因为粗糙的滑雪板与雪地之间的摩擦力大，会在无形中让你的速度减慢。

　　影响摩擦力大小的一个重要因素在于相接触两物体的材质。两者接触面粗糙程度越高，相互运动所产生的摩擦力便会越大。在航天飞行过程中，一艘火箭的外观越接近流线型，所使用的材料越光滑（如金属等），其所受到的摩擦力作用便越小，也就能飞得越快。

哇！拿起来啦！

☆ 背后的科学——摩擦力

　　这次的实验不仅很好地展示了什么是摩擦力，而且是一个非常有趣的小魔术呢，学会后可以在朋友们面前表演哦！告诉他们你能在手不接触瓶子的情况下，用一支铅笔将瓶子提起来。让我们快来看看怎么做到吧。

　　首先，我们要找齐以下这些材料：

　　☆ 漏斗一个
　　☆ 空塑料水瓶一个
　　☆ 适量的生大米
　　☆ 铅笔一支

　　将漏斗放好在瓶口，然后小心将大米倒入瓶中，不要倒太猛，以防米粒掉出。大米不要装太满，大概倒至水瓶3/4处，留出部分空间。然后轻轻将水瓶在桌面上磕几下，让米粒之间紧密地排列在一起，不留空隙。将铅笔慢慢插入米粒中，再缓缓拔出，重复几次，会感觉到拔出铅笔变得越来越困难，证明铅笔与米粒之间的摩擦力在逐渐加大。最后，随着摩擦力的增大，铅笔将彻底拔不出来，稍稍用力，水瓶便连带着被提起来了。

☆ 趣味拓展

　　如果减少瓶子里装着的大米，会发生什么呢？

☆ 学习园地

　　事实上，当你将铅笔推入瓶中时，里面的米粒也被推到了一起，变得更加紧密，相互之间产生了更大的摩擦力。几次下来，瓶中米粒所产生的摩擦力越来越大，直到最后能将铅笔固定在瓶子中间。

与摩擦力赛跑

☆背后的科学——摩擦力

你以前试过在木地板上滑行吗？你可能会发现，当自己穿着袜子时，滑行起来要更容易，这是因为袜子要比你的脚底更加光滑，在与地板接触时产生的摩擦力更小。同样地，一艘火箭想要成功升入太空，也需要竭尽可能减小摩擦力对其产生的减速作用。

这次的实验向我们生动展示了物体表面材质的不同是怎样影响其所产生的摩擦力大小的。你会发现，小车在粗糙物体表面行驶得更慢，这就是因为粗糙表面所产生的摩擦力更大。

活动开始前，我们需要准备好下列材料。

☆ 一大张硬纸板
☆ 记号笔一只
☆ 剪刀一把
☆ 气泡纸一张
☆ 瓦楞纸一张
☆ 地毯一块
☆ 光滑的玻璃纸或塑料布一张
☆ 双面胶足量
☆ 大的积木块或书本若干
☆ 玩具车若干
☆ 计时器或秒表
☆ 其他任何你想要测试的材料

只要你的硬纸板足够大，场地足够宽阔，你就可以有无数条不一样的斜坡跑道。根据你想要修建的跑道数量，用记号笔在纸板上等量划分出各区域。再用剪刀将地毯、瓦楞纸、气泡纸、塑料布（或玻璃纸）或其他任何你想要测试的材料剪成相同大小。然后依次用双面胶粘好在硬纸板上。

在地上摞起一堆书或积木块，高度可以由你自己决定，然后将硬纸板平稳地斜放在上面，跑道就建好了。让每辆玩具车依次从不同跑道的顶端驶下，并用秒表或计时器记录好每辆车每次行驶的时间。需要特别注意的是，在放小车时手不要用力，让其自行滑下即可，否则将影响实验结果的准确性。

☆ 趣味拓展

你能在建好的坡道下面再加上一个反方向、朝上延伸的新坡道吗？试试看，不同小车在不同材质的跑道上能在新坡道上行驶多远呢？请一一记录下来做比较吧。

☆ 学习园地

在这章中，我们首先要牢牢记住摩擦力是什么。它是当两个相接触物体相互摩擦（或相对运动）时所产生的一种运动阻力。物体表面材质对摩擦力大小有重要影响，材质越粗糙，所产生的摩擦力就越大。你有过在地毯上摔倒，膝盖被磨破的经历吗？这其实是因为在滑动时，你的皮肤和地毯之间存在着巨大摩擦力而导致的。类似地，当车辆在路上行走时，轮胎与路面之间的摩擦力能防止车辆滑动。在冬天，为了防止车辆在冰面上滑动而引发意外，人们会把沙子铺洒在积雪或结冰的路面上来增加摩擦力。

火箭飞索

☆**背后的科学——摩擦力**

摩擦力的存在能影响物体运动的速度，使其降速或加速。摩擦力增大，则物体运动减缓，反之则加快。

这次试验中，我们需要将塑料瓶做成的火箭安装在绳子上做成我们的火箭飞索。如果想让火箭快些下滑，我们可以使用比较光滑的绳子来做飞索，这样一来，火箭上方的吸管与绳子之间的摩擦力就比较小；相反，使用粗糙的绳子就会让摩擦力加大，减慢火箭下降时的速度。

我们制作时将用到的材料如下。

☆ 一根吸管
☆ 一个小塑料瓶
☆ 双面胶或胶带适量
☆ 粗糙和光滑的绳子各一捆
☆ 计时器或秒表
☆ 一根吸管通条

先将吸管用胶带或双面胶固定在塑料瓶一侧，然后将绳子穿过吸管。找一块合适的场地，要足够宽敞，最好能有树或架子等方便把绳子拴在上面。把绳子一端拴在高处，一端拴在低处，我们火箭飞索的雏形就大体完成了。如果你乐意的话，可以用彩纸或颜料来装饰下你的火箭。

一切就绪后，我们把火箭拉到绳索的顶端处放开，与此同时，按下计时器或秒表，记录下火箭滑行所用的时间。滑行结束后，你可以试着在吸管中塞入吸管通条后再重新来一次，这样会加大吸管壁与滑索之间的摩擦力，从而让火箭滑行得比之前缓慢。

☆ **趣味拓展**

试着用不同种类的绳子做滑索，看看是否摩擦力增大就会影响火箭的滑行速度呢？你可以每次实验完就换一种绳索再实验，也可以在条件允许的情况下，同时设置多根材质不同的滑索，和朋友一起比赛看谁的火箭飞得更快。当然，要保证滑索的长度和坡度都一样，否则比赛就有失公正了。

旅行第三站
了不起的运动定律
牛顿第一运动定律

　　牛顿第一运动定律的内容如下：只要不受到力的作用，静止不动的物体将始终保持静止，而处于运动中的物体将始终保持以同一速度，向同一方向运动。比如说，当你站直时，如果有人来推你，你就难免会动，但如果没有力作用到你身上，你将会始终保持静止的状态。

　　当我们将这个定律引申到火箭发射上时，我们就会明白，火箭从静止到离开地面，向空中飞去，正是因为引擎在提供向上的推力。如果没有这股推力，火箭将依然停留在原地。

　　另外，我们需要理解，"静止"这个概念是相对的。当我们说某个物体是静止的，指的是它相对于其周围环境中的其他物体是静止不动的。即使当我们一动不动地站着，在某种意义上，我们其实仍然在运动，这是因为我们所在的地球正围绕着太阳自转；但当和我们周围的事物相比较时，我们又没有在运动，是静止的。物体这种保持静止或速度状态不变的趋势，我们称之为惯性。

牛奶瓶大改造——火箭头弹射器

☆背后的科学——牛顿第一运动定律

火箭头弹射器简明阐释了牛顿第一运动定律。刚开始时，火箭头平稳安放于牛奶瓶上，但当我们挤压瓶身时，里面的空气被挤出，其产生的压力作用于火箭头上，最终将火箭头弹射出去。

如何把牛奶瓶改造成超酷的火箭头弹射器呢？快来看看需要些什么材料吧。

- ☆ 白纸或卡纸
- ☆ 胶带
- ☆ 彩色笔（用于装饰，不是必需）
- ☆ 空牛奶塑料瓶

首先，我们用白纸或者卡纸卷成蛋筒状，将其底部直径控制在 15 cm 左右，然后用胶带粘好，火箭头就完成了。当然，如果你乐意的话，还可以用彩色笔在纸上画一些图案，让它看起来更像火箭。接下来，我们需要检查下牛奶瓶。将瓶盖扭开，先轻轻挤压瓶身，再用力捏下去，你会感觉到第一次被挤压出的空气所产生的冲力要比第二次的小很多。正是这股空气运动所产生的力推动火箭头冲向空中。

准备就绪后，将火箭头放好在牛奶瓶上方，双手用力挤压瓶身，火箭头立马就被弹射起来，向上飞去。你能目测出它飞了多高吗？

☆ 趣味拓展

试一试，在我们的火箭头上加上翅膀，它还能飞得像以前那么高吗？答案是否定的。给火箭头加上翅膀，就增加了其质量（日常生活中称之为"重量"）。而根据我们之后将学到的牛顿第二运动定律，运动物体的加速度受到质量影响，质量越大的物体，在同等力的作用下，加速度越小，因此，当我们用同样大小的力挤压牛奶瓶时，就会发现，质量增大后的火箭头没有之前飞得那么快了。

如果我们把火箭头做得更大一些呢，让其底部直径超过 15 cm，又会发生什么呢？动手试试吧。

☆ 学习园地

在实验中，你或许会发现，当你挤压牛奶瓶的瓶身时所用的力气越大，瓶中空气向外运动所产生的冲力也就越大，火箭头被弹射起来的高度也就越高。

飞船拯救计划

这次的实验将向我们形象地展示出牛顿第一运动定律的内涵。只要没有力作用于我们的火箭积木上，它就能保持静止，留在原位。为了达到这个目的，我们需要使用材质光滑的布料，并要轻巧而迅速地将其从积木下方抽走，不让力作用于积木块。

我们这次要用到的素材很简单，只需要：

☆ 一块适当大小的光滑布料

☆ 若干积木块

首先，将布料摊开，一半露出桌外，一半放在桌面上。在放在桌面的布料上垒起几块积木，搭成火箭形状。需要注意的是，所用的布料不能太小，要能方便我们拉动和在上面摆放积木块。正如我们之前所学到的，材质越光滑的材料，所产生的摩擦力便越小，这正是为什么这次我们要用所能找到的最光滑的布料来做实验。当没有力作用于积木火箭上或所作用的力极小，不足以克服惯性时，它们将始终保持着初始时的静止状态。如果你轻轻晃动桌子，积木块可能并不会动，但当你用力摇动桌子时，积木块可能就纷纷掉落，四处滚动，这就是因为其受到了力的作用，由静止转向了运动。

试着以匀速朝着同一方向缓缓拉动布料，我们会发现，积木块没有倾倒或者掉落，而是保持原样，随着布料一起运动。但是，当我们向不同方向拉动布料或将其猛地一扯时，积木所受到的力的作用不均衡，搭好的火箭就会因此而瞬间倒塌，散落满地。

我们接下来要做的事情需要一些技巧。将布料和积木按最开始的样子放好。抓住布料露在外面的一端，尽可能迅速地将其平顺拉出，多练习几次，你就能在保持积木火箭原状的情况下将垫在下面的布料抽出来了。

☆ 趣味拓展

把我们的积木火箭搭得更高些，刚才提到的小戏法做起来是不是变得困难多了呢？

试着换用粗糙的布料，例如厚毛巾等来做这个实验，会发生什么样的事情呢？动手试试看吧。需要记住的是，在积木火箭不动的情况下抽出布料的关键在于要让两者之间的摩擦力尽可能地小，否则就会失败，而粗糙的毛巾却会产生更大的摩擦力。

☆ 学习园地

通过这次试验，我们认识到，缓慢拉出布料或者猛地一扯，都会产生较大的摩擦力，让积木块开始运动，导致整个火箭倒塌。但是，只要我们在拉动时能做到快速而流畅，积木块就不会移动，我们的火箭也能安然无恙。

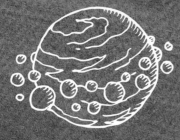

旅行第四站
了不起的运动定律
牛顿第二运动定律

　　牛顿第二运动定律阐述了物体质量、加速度与所受力之间的关系，即：物体所受力的大小＝物体质量×加速度。在日常生活中，人们常常用"重量"来指代"质量"，但在科学领域，两者是不同的。本书中所提及的"质量"都是指科学概念上的"质量"，即物体所含物质的量，这是一个常量，即在不同环境下，某物体的质量都是相同的。但在科学领域内，"重量"不是一个常量，它会随着引力大小的改变而改变。加速度则是用于描述物体速度大小和方向变化快慢的量。以火箭发射为例，其引擎所产生的推力越大，其加速度就越快。同时，火箭在上升的过程中不断消耗大量燃料，其质量也随之减轻，这就意味着其加速度也在逐渐提升。两方的相互作用之下，火箭便会越飞越快，直冲云霄了。

火箭赛跑

☆ 背后的科学——牛顿第二运动定律

在设计火箭时，要格外注意控制其质量，因为火箭越重，其起飞时所需要的推力就越大，所消耗的燃料便越多。这次的活动就是在模拟这个场景。当我们往纸箱里装的东西越重，推拉纸箱所需要的力气就越大，这正是因为纸箱整体质量增加所导致的。

活动开始前我们需要做好以下准备：

☆ 一个大小适中的纸箱

☆ 一根粉笔

☆ 积木、书或者愿意坐到箱子里的小伙伴

我们需要先找块平坦开阔的场地来进行这次的游戏，室内室外都可以，但最好选择在木地板上或光滑的地面上进行。另外，使用的纸箱要坚固耐用，不易破损。

在地面上用粉笔画出起点线和终点线，两者之间相隔3 m。先将空纸箱放到起点线前，将其小心地推到终点线。接下来，在箱子里放入积木和书，再把箱子从起点推到终点，你就会发现，与之前那次相比，这次推动箱子就要困难得多。如果箱子足够大，你甚至可以让自己的小伙伴坐进箱子里，再重复一遍之前的动作，你会发现，这次就更吃力了。由此可见，箱子质量越大，我们所用到的推力也就越大。那如果改为拉动箱子，与推动箱子相比，会更容易吗？动手来试试吧！

☆ 趣味拓展

你能给箱子设计一个把手吗？试试看，这样做会让我们在推拉纸箱时更加省力吗？

星球撞击

这次的实验是这样的，我们在斜坡下面放上一颗弹珠，再从坡上滚下一颗弹珠，让它刚好能撞到放在下面的那颗弹珠。当两颗弹珠相撞时，你可能会发现，原本滚动的弹珠可能渐渐停了下来，而原本静止的弹珠却在撞击之后开始运动了。这其实是因为之前储存在滚动弹珠中的动量在撞击的过程中被传递到了静止的弹珠上。

只有运动的物体存在动量，但动量极易变化，当物体改变运动方向和速度时，动量都会出现不同。

准备好下面这些材料，开始我们的新探索吧。

☆ 一张厚纸板

☆ 一个箱子或者若干积木

☆ 尺子一把

☆ 弹珠或小球若干

先把厚纸板斜倚在箱子或者垒起的积木块上，构成一个斜坡。在斜坡下面放上一颗弹珠，再从斜坡顶端滚下一颗弹珠，注意要对准，让它到斜坡底部时刚好能撞到放在下面的另一颗弹珠。试试看，有什么有趣的事发生吗？

你可能会发现，上面那颗弹珠越滚越快，它的动量也随之增加。而下方的弹珠始终保持着静止的状态，直到两珠相撞，动量从原先滚动的弹珠传递到静止的弹珠，使其开始运动。用尺子量一量，看看原先静止的弹珠被撞击后滚动了多远呢？

我们需要格外注意的是，在整个碰撞过程中，总动量并没有改变，它是守恒的。

☆ 趣味拓展

试试看，用更轻的弹珠或小球代替，会发生什么呢？更轻的弹珠和小球意味着它们的质量更小，质量与动量成正比，即质量越小，动量越小，这么一来，你会发现原本静止的弹珠或小球在撞击之后没有第一次试验滚动得那么远了。

飞驰吧，月球车！

☆ **背后的科学——牛顿第二运动定律**

我们对这样的景象一定不陌生，火光迸发之际，巨大的火箭离开发射台，直冲云霄。为了让火箭能成功发射，其引擎释放出的推力，需要比火箭自身引力大许多才行。简言之，火箭越重，所需要的推力也就越大。

接下来的月球车实验就能很好地帮助我们了解这一点。当我们把月球车加重，推动它时也就更费力。

实验开始前，我们需要准备以下的材料：

☆ 一大块硬纸板
☆ 几只彩色笔
☆ 一把尺子
☆ 一个小纸箱（如鞋盒之类）
☆ 车轴和车轮
☆ 弹珠
☆ 用于记录实验情况的纸和笔

首先，用彩色笔和尺子在硬纸板边上画出刻度，标出零刻度线作为起点线，方便之后测量小车走过的距离。接下来就要开始制作月球车了。我们可以用 4 个同样大小的盖子做车轮，也可以从硬纸板上剪下几个圆形卡片做车轮。完成后，在每个车轮的中点位置戳出小洞，以便之后安装车轴。在纸箱（这将成为月球车的车身）两侧的前面和后面凿出平行的 4 个小孔，将车轴穿过小孔固定好，并在每根车轴两端分别固定一个车轮（如图示）。我们还可以根据自己的喜好，用彩色笔适当装饰下车身，漂亮的月球车就做好啦。

将新做好的月球车放到起点线上，轻轻一推，等小车完全停稳后，对照纸板上的刻度，记录下小车的行驶距离。上述实验重复进行 3 次后，我们将每次得到的行驶距离相加，所得的总和除以 3，算出月球车在空车情况下的平均行驶距离。当然，你也可以多做几次，再按照上面的方法将每次结果相加得到行驶距离总和，再将其除以实验次数，算出平均行驶距离。

上一轮实验结束后，我们在月球车里装入弹珠，使其质量加大。再用与之前同样大小的力量推动小车，记录下其行驶距离。重复实验 3 次后，再用前文提到的办法算出本轮实验的平均行驶距离。对比两轮试验的结果，你发现了什么吗？

☆ 趣味拓展

如果装入更多的弹珠，月球车变得更重，会发生什么呢，让我们一起来探索吧。当第二次的月球车有第一次月球车的两倍重，你能推测出第二次的行驶距离有多远吗？

你能想到其他推动月球车的办法吗？

你能试着尽力吹动小车吗？

☆ 学习园地

实验结束后，你会发现，月球车变重后，运动的距离就会缩短。按照牛顿第二运动定律的解释，这是因为：物体所受作用力 = 物体质量 × 物体加速度。所以，当我们加大月球车质量，即让其变得更重时，用同样的力量推动它，其加速度减小，则行驶距离也就缩短了。

旅行第五站
了不起的运动定律
牛顿第三运动定律

根据牛顿第三运动定律，力总是成对出现的，作用力和反作用力总是大小相等，方向相反。一艘火箭消耗燃料，从引擎中排出大量气流，火箭发动机对气流产生的力就是作用力，而其反作用力则表现为推动火箭向上飞行的推力。

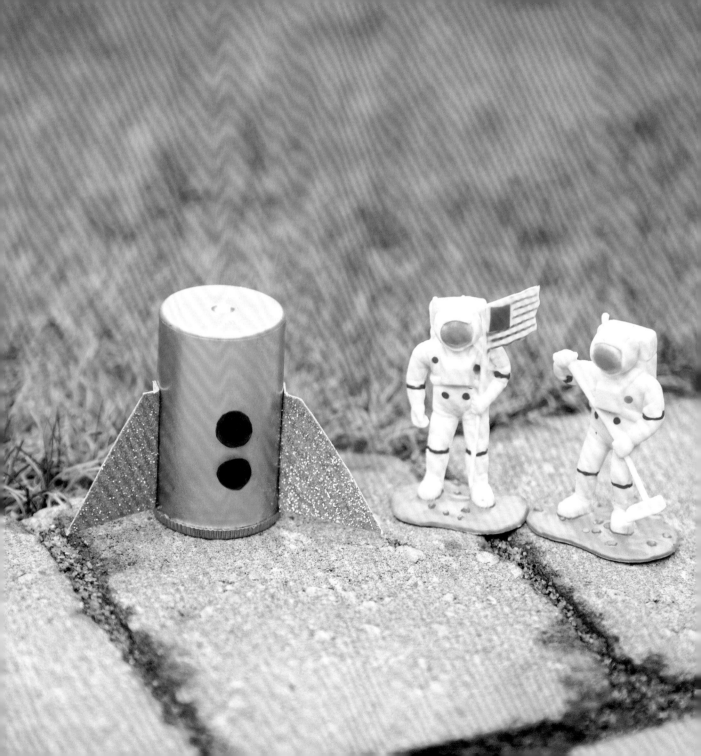

胶卷筒大变身

☆背后的科学——牛顿运动定律

这次的实验对牛顿运动定律做出了全面而生动的诠释。在开始之前，让我们先一起来回顾下三大定律的内容，并将其与实验中的具体情况进行联系。

牛顿第一运动定律

静止的物体将始终保持静止，除非有外力作用于其上。在实验中，胶卷筒火箭就始终保持静止状态，直到我们向里面添加了某些物质。它们之间发生的化学反应产生了推力，从而导致火箭的运动状态发生了改变。

牛顿第二运动定律

物体加速度受到物体本身质量的影响，在大小相同的力的作用下，物体越重，其加速度就越小。我们不难从实验中发现，当增大胶卷筒火箭的质量时，其加速度相应减小，意味着其提速就越慢，也就自然没有质量较轻时飞得那么高了。

牛顿第三运动定律

作用力与反作用力总是成对出现，相互依存，方向相反，且作用于一条直线。以我们本次实验为例，化学反应产生的作用力使生成的气流向下运动，产生的向上的反作用力施加于胶卷的盖子上，推动胶卷筒身腾空而起。

类似地，在实际发射中，火箭为摆脱地心引力对其产生的向下拉动作用，就需要在极短时间内产生巨大的推力。这股推力的产生原因其实就反映了牛顿第三运动定律。火箭引擎消耗大量燃料，所产生的滚烫废气冲出排气口，产生了一股强大的向下作用力，而这股作用力的反作用力便是让火箭升空的推力。

下面是我们本次实验将会用到的工具和材料：

- ☆ 护目镜
- ☆ 几只粉笔
- ☆ 胶卷筒
- ☆ 水
- ☆ 一张纸巾
- ☆ 维他命泡腾片
- ☆ 小苏打
- ☆ 食醋

我们先要寻找一处安全的发射场所，远离人群，地面平整且坚硬。选定地点后，用粉笔在距离火箭发射点至少3 m的地方画一条安全警戒线，实验观察员们都需要站在这条线后。

火箭燃料的配方有两种选择：第一种是维他命泡腾片和水，第二种是小苏打和食醋。你需要决定先测试哪种搭配方案，并想清楚如何确定方案更好，是能让火箭飞得更高更快吗？还是所消耗的燃料最少，产生的废物最少？抑或是使用起来最为方便呢？

实验开始前，需要特别注意的是，胶卷筒火箭起飞的速度非常快，所以一定要带好护目镜，并且在放置好火箭后就迅速退回警戒线内，以防意外发生。

方案一

在胶卷筒内倒入一半的水，再放入一片泡腾片，小心地把盖子盖上，将胶卷倒置在地面上，盖子在下。放好后快速撤回警戒线内，以防被窜起的火箭误伤。

方案二

先把一茶匙小苏打倒在一张纸巾上，包好。在胶卷筒里倒入一半的食醋，将刚才包有小苏打的纸巾团丢入胶卷筒内，小心地把盖子放上，把火箭倒放在发射点。

✿ 趣味拓展

你能试一试把胶卷筒装饰得更像火箭吗？装饰品所带来的额外重量会影响到火箭的飞行吗？

✿ 学习园地

当维他命泡腾片和水接触时，就会开始溶解冒泡，释放出二氧化碳气体，在胶卷筒中逐渐累积，所产生的压力不断增加，直到大到冲开筒盖，这股冲力就是推动火箭上行的力。正如牛顿第三定律所揭示的。

而在第二个方案中，将小苏打用纸巾包裹起来的原因是为了防止它与食醋的反应速率过快，避免大部分气体在盖子重新盖好前就泄露出去，以保证胶卷筒内的气压能足以支撑火箭的发射。

水力驱动火箭

✿ 背后的科学——牛顿运动三定律

这用用塑料水瓶做成的火箭也生动阐释了牛顿运动三定律的内涵。正如牛顿第一运动定律所描述的，火箭始终保持静止状态，直到某个力作用于其上，使其运动状态发生了变化。而这股力的大小则与泵入瓶中的空气多少有关系。除此之外，瓶中添加的水越多，这股力也就越强，这点则体现了牛顿第二运动定律中冲量与动量的概念和关系。而当水和空气从瓶口喷射出来时，根据牛顿第三运动定律，这股力便引发出一股与之同样大小但相反方向的反作用力，即使得火箭腾空而起的推力。

简单来说，当把空气泵入时，瓶内压力就在逐渐增加，直到大到冲开软木塞，水流喷泻而下，所产生的巨大反作用力便将塑料水瓶迅速推升到空中。

在这次实验活动中要用到的材料和工具有：

✿ 空塑料水瓶一个
✿ 颜料若干（自选）
✿ 管道胶带（自选）
✿ 卡纸和透明胶带（自选）
✿ 脚踏式打气筒和针状气门芯
✿ 刚好能堵住瓶口的软木塞
✿ 水
✿ 护目镜

该实验需要在一名成人的陪同下进行，因为火箭发射时非常迅猛，在操作时要格外注意。一旦你开始打气，就不能再靠近火箭，以防意外发生。

如果你想把水瓶装饰一下，让它看起来更像一艘火箭，你可以用颜料在瓶身上作画，或用管道胶带缠住瓶身，再拿卡纸制作一个前锥和一对机翼，用透明胶粘到水瓶上。但需要记住，任何装饰都会增加火箭本身的重量，影响其飞行。如果你给火箭安上了机翼，尽量把它们做得结实一些，能支撑火箭竖直站立。

将针状气门芯插入软木塞中，要确保整根气门芯都穿过了软木塞，只有这样空气才能顺利进入瓶中。在做好的水瓶火箭里倒入大概四分之一的水，然后用软木塞将瓶口塞紧，不让空气从四周空隙泄露出来。

发射全过程中都务必佩戴好护目镜，防止意外的发生。在户外找一处宽阔安全的发射场所，将打气泵和气门芯连接好，把火箭平稳放在地面上，然后撤到尽量远的地方。麻烦一位成人在近处用打气泵慢慢地把空气打入瓶内，而你和你的伙伴可以在稍远的地方作为观测员，察看火箭的整个起飞过程。

✿ 趣味拓展

试着增加火箭的重量，猜测一下发射过程中会发生什么变化呢？

✿ 学习园地

在实际的火箭发射过程中，推力的产生依靠的不是水，而是燃料燃烧所产生的灼热气体。大量气体从火箭引擎中向下喷涌而出，产生的反作用力推动火箭克服引力阻碍，腾空而起，直指苍穹。

打造流星飞船

✿ 背后的科学——拖曳力 / 空气阻力

拖曳力，也可以叫空气阻力，在飞船到达太空之前始终影响着其飞行，而在其进入太空之后，就伴随着空气的消失而消失了。在火箭飞行的过程中，会受到以下4个力的作用：浮力、阻力、引力、推力。这里提到的拖曳力和摩擦力很相似，其大小与火箭的尺寸和形状相关联。有些形状能方便气流通过，从而减少拖曳力的产生。想象一下，一个球从空中掉到地面，不断将空气中挡住它的微粒推挤到旁边，产生拖曳力。而当物体的形状越发接近流线型，气流在越过其表面时就越发轻松，所产生的空气阻力也就越小。我们接下来要面对的挑战就是——如何减少拖曳力的产生，让自己的火箭能飞得更远呢？

先来看看我们需要做哪些准备：

- ✿ 在上一章中完成的水力驱动火箭
- ✿ 卡纸若干
- ✿ 胶布适量
- ✿ 脚踏式打气筒和针状气门芯
- ✿ 刚好能堵住瓶口的软木塞
- ✿ 水
- ✿ 护目镜
- ✿ 计时器

前锥指的是火箭前端尖尖的部分。在飞行中，这一部分最先与空气接触，而其形状和尺寸影响着空气阻力的大小。我们这次需要做的就是测试不同的前锥体对火箭的飞行会造成什么样的影响。

首先考虑好要测试的前锥形状。我们可以分别制作一个圆锥形顶、半球形顶、金字塔形顶和平顶。除此之外，你还能想到其他形状的前锥吗？开动脑筋，用卡纸多做几种吧。

做好不同的火箭前锥后，我们需要将软木塞和打气筒连接好，火箭平置于发射场地，用胶带将前锥固定在火箭顶部，像上个实验那样进行发射操作。同样地，出于安全考虑，在整个实验过程中，参与人员都要戴好护目镜，并有成人陪护。将不同的前锥连接到火箭上，用秒表依次记录下其在空中飞行的时长。要特别注意，除了前锥的替换，每次实验的其他条件都需要保持一致，以免影响结果的准确度。

✿ 趣味拓展

除了替换头锥，你还能想到其他办法让自己的飞船变得更接近或者更不接近流线型吗？

✿ 学习园地

一艘飞船的头锥形状、船体直径和航行速度都影响着其所受到的空气阻力大小。纤细的船体（即其直径较小）搭配上符合空气动力学的流线型头锥能大大减少空气阻力的产生，提高飞船的航行速度。

在本次试验中，一个越接近流线型的头锥意味着能让火箭受到的空气阻力越小，即表现为火箭飞行的时间更长。

旅行第六站
难以捉摸的空气阻力

　　空气阻力，又称拖曳力，是航天器起飞时的重要作用力之一。在火箭呼啸而起的一刹那，有引力在拉动它向下，有引擎产生的推力使其升空。而当火箭速度逐渐加快时，空气阻力也在逐渐增大，减缓了火箭飞行的速度。其原因在于，火箭飞行得越快，它所需要推开的空气就越多，即其所承受的空气阻力也就越大。这就意味着，要想火箭能够继续向上飞行，推力的大小就必须要超过空气阻力加火箭自身引力之和。为达到这个目的，除了增大推力外，还可以通过减小空气阻力来实现，即通过将船体尽量塑造为流线型来让空气更加顺畅地流过其表面。

小小降落伞，安全大保障

✿背后的科学——拖曳力／空气阻力，表面积

当飞船返回地球时，到达适当高度后，便会打开降落伞以延缓其下降速度，保证平安着陆。这给我们研究空气阻力提供了一个很有趣的思路。我们需要知道，空气阻力能减小物体的下降速度，并随着表面积的增大而增大。这就意味着，降落伞越大，就越能更好地减慢物体的下落速度。

让我们来测一测事实是否真的如此呢？

✿ 不同大小的咖啡滤纸若干

✿ 打孔器一个

✿ 细线一卷

✿ 同样重量的小容器若干（如小纸盒等）

✿ 小玩具人或回形针若干

✿ 计时器

先用打孔机在每张咖啡滤纸的边缘打上 4 个间隔相当的小孔，它们将用来做降落伞布。每顶降落伞都需要 4 根长度相同的伞绳，根据要做的降落伞数量剪出所需的细绳。细绳长短一致即可，多长都行，但要便于你在实验时进行操作。小心地将 4 根细绳依次穿过滤纸上的小孔系好，再将另一端和小纸盒或其他小容器连接好，进行这一步操作时要注意让伞绳的长度保持相同。

降落伞制作好后，我们在每个小纸盒中装上相同重量的玩具人或回形针。然后将降落伞举到同一位置放开，用计时器将每次降落所花费的时间记录下来。

✿ 趣味拓展

如果在纸盒中放入更大重量的东西，会对降落伞的运动产生什么样的影响呢？

✿ 学习园地

实验过后，你应该会注意到，降落伞越大，就越容易兜住空气，在下降过程中的速度会更加缓慢。这是因为更大的降落伞，其表面积更大，与空气接触更多，两者之间相互运动所产生的空气阻力就更大，对物体运动速度的延缓效果也就越明显。

感受自然之力

☆ 背后的科学——空气阻力

仔细观察火箭的形状，不难发现，它们总是有着流畅的外部结构和尖尖的顶，而这一切都是为了尽量减小空气阻力在飞行中对火箭造成的影响，用专业术语来说，就是流线型设计。在这次的实验中，我们就将接触到其中的基础原理，探索物体形状与其所受空气阻力大小之间的关系。

这次要用到的材料如下：

☆ 一张卡纸（长宽至少有 6 cm）

☆ 一根细棍或筷子

☆ 胶带适量

☆ 一个空塑料水瓶

☆ 一把剪刀

先将卡纸用胶带固定到细棍或筷子一端，一把小扇子就做好了。然后找一处宽阔无人的场地，手持纸扇，挥动几下，感受在此过程中所用到的力量大小。将空塑料水瓶放到地面上，在其四周尽力挥动纸扇，将水瓶吹倒，需要注意的是，扇子不能接触水瓶，只能依靠其挥动时产生的风力。

接下来，用剪刀将卡纸四边各剪短 2 cm，先单独挥动纸扇，感受这次所用到的力量大小，然后和先前一样，试着去扇水瓶。完成后，我们把卡纸四边再分别剪短 2 cm，重复上述操作。将自己每次单独挥动纸扇和在扇水瓶时所感受到的难易程度记录下来。

不难发现，当卡纸较大时，挥动起来就较困难，因为有更多的空气在纸扇运动过程中被挤压出去，产生了更大的阻力作用；但另一方面，空气流动越多，所产生的风力也就越强，吹倒水瓶也就变得更加容易了。

☆ 趣味拓展

让我们再试着用其他大小的卡纸重复之前的实验流程，看看有什么新发现吧。

除此之外，我们可以将两张同样大小的卡纸从相同高度抛下，一张折叠起来，另一张保持平整，看看两张纸在下落过程中有什么不同。

☆ 学习园地

当你在跑步时，跑得越快，你就感觉受到的空气阻力越大，这是因为你跑得越快，在此过程中被推挤出去的空气也就越多，其产生的反作用力，即我们所称的空气阻力也就越大。

让我们一起滑翔天际!

☆ 背后的科学——拖曳力 / 空气阻力

每个飞行在空中的物体都会受到 4 种力的作用:推力,阻力,引力和升力。火箭被造得笔直且纤细以便减少拖曳力的产生,帮助其能以极快的速度摆脱地球引力的下拉作用。然而我们今天要做的滑翔机却和火箭恰恰相反,它是通过大大的机翼来增强自身所受到的阻力,从而在空中能飞行更长的时间。

为什么拖曳力增大,滑翔机反而飞得更久了呢?让我们快准备好下面的材料开始寻找答案吧。

☆ 吸管若干

☆ 纸巾、白纸、塑料膜、光面纸或卡纸若干

☆ 胶带足量

开始前先构思下我们滑翔机的造型,可以试一试四边形、三角形、五角星形,甚至是立方体形状,你可以充分发挥自己的想象力,选择任何一种你想尝试的机型。决定好后,我们先用吸管搭建出机身,再将纸巾、白纸或塑料膜等粘到上面。你可以按自己的想法做几架不同的滑翔机,但最好做一架由纸巾覆盖的三角形滑翔机,这种滑翔机能飞得更久更稳,一是因为其三角形机身带来了强大的稳定性,二是因为其使用了轻薄的纸巾而免于受到引力作用的太大影响。

滑翔机制作完成后,让我们找一处空旷的地方开始试飞。将滑翔机从相同高度飞出,记下每次飞了多远。多尝试几种机型和材料的搭配,找出最佳的滑翔机组合。

☆ 趣味拓展

你能将每架滑翔机飞行的时间都记录下来吗?哪架滑翔机能飞得最久呢?

☆ 学习园地

从实验中,我们学到了:类似于之前的降落伞实验,滑翔机的机翼越大,它就能飞得更远更久,这是因为机翼越大,其与空气接触的面积也就越大,运动时所产生的曳力,即空气阻力就越强,从而延缓了滑翔机的下降速度,让它能在空中停留的时间更久。

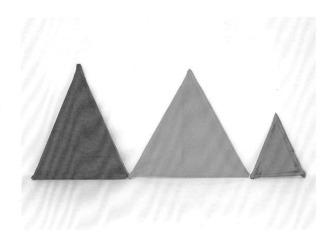

旅行第七站
梦想起飞！

当我们把气球吹好再放开时，空气会从里面朝同一个方向迅速漏出，产生的反作用力便推动着气球向空气运动的反方向飞去，这和火箭起飞的原理是一样的。

当一艘火箭离地升空时，大量燃料燃烧产生的灼热废气从引擎排气口中喷泻而出，根据牛顿第一和第三运动定律，这股空气流动所产生的力量创造了巨大的反作用力，即我们所谓的"推力"，推动着火箭以极快的速度飞向宇宙。

让一个小小的气球在屋里四处乱飞是很容易的，然而要让那么重的火箭离开地面，直指苍穹，所需要的力量之巨大，真是令人难以想象。在整个发射过程中，火箭需要消耗数吨燃料，借以产生源源不断的巨大推力，从而能不畏空气阻力及引力的阻碍，腾空而起。

对火箭有所了解的小朋友们一定知道，一艘火箭其实是由几个舱体组成的，当某一舱体的燃料消耗殆尽时，就会和主体自动脱离开来，以减轻火箭重量，从而减少接下来飞行所需要的燃料消耗。脱离出来的舱体往往在大气层中就因剧烈的摩擦生热而燃尽，当然，也有很少一部分会重新落到地面。

修建移动发射台

☆ 背后的科学——强稳定性形状和弱稳定性形状

在发射神州飞船和长征火箭时，我们都会看到移动发射台的身影，它是用来做什么的呢？它主要是用来运送即将要发射的火箭和飞船的，因此具备两个特点：一是可移动性，二是强稳定性，能承受巨大的重量。

在这次的活动中，你就需要做一回小小工程师，思考选择什么样的结构才能建造出结实牢固的发射台，保证火箭的成功发射。

与四边形相比，三角形要更加稳定牢固，这是因为它只有三点连接，施加于上的压力能均匀分散于整个结构而非集中于某一部分。这就是为什么，大多数工程师会在四边形结构中加一条对角线支撑，将原本的结构分为两个三角形，从而增强了整个设计的稳定性。

这次活动所需要的材料有：

☆ 笔和白纸
☆ 一张中等大小的瓦楞纸板
☆ 一张小瓦楞纸板
☆ 一把剪刀
☆ 两根车轴（结实的细棍也可）
☆ 吸管若干
☆ 4个车轮（瓶盖，废碟片等）
☆ 胶带足量
☆ 积木块若干

首先，你需要规划好自己的发射台应该具备哪些特征。第一，它需要尽量轻便，易于移动；第二，它又要足够结实稳固，能承载重物。考虑清楚后，用笔在白纸上画好自己的设计图。

接下来，根据设计图，我们要开始制作了。中等大小的瓦楞纸板将作为发射台的底座。车轴长度要刚好比底座的宽度多1.0 cm，如果太长就用剪刀剪到适宜长度。然后将两根吸管长度剪到比车轴长度短1.5 cm，完成后分别将车轴穿过吸管，再将车轮固定好在车轴两端。车轮可以用瓶盖、废碟片或者用纸板自己做。需要注意的是，固定好后，车轴在吸管中要能顺畅滚动。

把车轴和车轮用胶带粘牢在底座下方，在地面上试一试，看看滚动起来是否顺利，如果有卡顿，就需要做出适当调整。

在底座上方用吸管和胶带搭建出发射架，再把小瓦楞纸板固定在架子顶端。正如之前所提到的，搭建时尽量用三角形结构，会比其他形状要更加稳固。

让我们测试下做好的发射台是否足够结实耐用。在发射架上摆上积木块或者其他东西，看看你的发射台能承受住多少重量吧。

☆ 趣味拓展

试着用半个鸡蛋壳造一条桥吧。你会发现，蛋壳虽然极薄且易碎，但其圆顶型的结构却能让它变得格外结实，造出来的桥上能承载比蛋壳本身重得多的东西。

☆ 学习园地

圆顶型结构能很好地将所受力均匀分散到各个方向，从而使结构上各点所受压力相同，不会出现载力集中的情况。如果你能找到4个一半的蛋壳，不妨试着将它们紧密排成一列，放上几本书，蛋壳都依然能完好无损。

水力火箭发射塔

✿背后的科学——引力

在第五站的旅行过程中，我们打造了一艘水力驱动火箭。要让它能成功飞上太空，我们还需要修建一座发射塔。发射塔既要能支撑住火箭，使其在发射前不会倾倒，且始终保持垂直状态，又要在发射时不影响其正常起飞。具体该怎么办呢？用下面这些材料试试看吧。

✿ 之前做好的水力驱动火箭和用到的脚踏式打气筒
✿ 吸管若干
✿ 一个硬纸箱
✿ 一把剪刀
✿ 四个卷纸芯
✿ 一卷胶带
✿ 护目镜

在开始之前，需要注意以下几点：首先，我们建好的发射塔必须要足够牢固，能够承受住水力火箭的重量；其次，在火箭起飞时发射塔能安然留在原地，不随意晃动。只要能满足这两个条件，不管是多么复杂或者多么简单的材料和结构我们都可以尝试。我们可以先从最简单的方案开始。将至少4根吸管竖直放在火箭四周比对好位置，再将火箭拿开，用胶带把吸管粘连起来，一个简单的支架就完成了。另外一种方案是用剪刀在一个纸箱盖上开一个小孔，大小要刚好能让水力火箭的下部瓶口通过；再在纸箱侧面开一个小孔，连接脚踏式打气筒即可。

除了上面的材料外，也可以考虑如卷纸芯之类的材料。将4个卷纸芯平放到一起构成正方形，再适当调整接触位置，让中间留出的正方形区域大小刚好能让火箭底座卡在里面，最后用胶带将卷纸芯粘牢，当火箭放上去时，只有底座和发射塔相接触。当然啦，不要忘记留出连接打气筒的位置。

如果你觉得发射塔的修建很简单，想要做些更有挑战的事，不妨考虑下额外建造一个夹钳，发射前用来固定火箭。

快到户外测试下我们刚造好的发射塔吧！记得要带好护目镜并叫上成人一起哦。火箭在发射时有没有保持垂直向上呢？如果没有，就需要重新调整发射塔。

✿ 趣味拓展

你还能想到其他什么可行的材料和设计吗？不妨动手试一试吧。

你能修建出一架在大风天也依然可以使用的发射塔吗？

旅行第八站
火光迸溅，奇幻化学

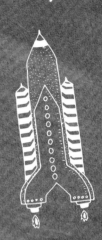

　　一艘航空火箭需要消耗令人难以想象的巨大能量，才能做到以极快的速度飞行，从而逃脱地球引力，成功进入预定的环形航行轨道。为满足如此高的速度要求，火箭上需储备成吨的推进剂。推进剂主要由两种成分组成，一是燃料，二是氧化剂（一种化学物质，能释放出燃料在燃烧时所需要的氧气）。

　　燃料剧烈燃烧，产生的废气源源不断冲出排气管，形成的巨大反作用力推动火箭上升；但另一方面，燃料本身的重量又使得火箭在发射时需要更多推力来克服地心引力的作用。这就是为什么火箭总是被设计成分级式结构。通常火箭都是由两到三级部分组成，当某级火箭的燃料耗尽时，便会自动和主体火箭分离开来，减轻其重量，减少在接下来航行过程中的能量消耗。

　　正如我们所知道的，太空中是没有氧气存在的，为保证燃料能够充分燃烧，燃料和氧化剂被单独放置在引擎炉膛中。燃烧时的化学反应生成了大量炙热气体。我们不能在家中进行类似的反应实验，因为这非常危险，可能会发生爆炸或者其他难以预料的情况。但我们可以用诸如食醋和小苏打这样的材料，进行一些简单的化学实验。和火箭上的化学反应相类似的是，这些实验也能产生气体。

气球火箭初体验

☆背后的科学——化学反应

食醋是一种酸，而小苏打是一种碱。当我们把酸和碱两种物质混合到一起时，它们之间就会发生中和反应，生成一种名为二氧化碳的气体。这是基础化学反应中的一种。食醋和小苏打必须要相互接触才能发生反应，就像火箭上的燃料和氧化剂一样。

在本次实验中，化学反应产生的二氧化碳气体会先充满小瓶，然后渐渐充满气球，当到达一定程度时，气球就会爆炸。因此，出于安全考虑，反应开始后，参与人员务必要站到两米外。

来看看我们这次要用到的材料吧。

☆ 气球若干
☆ 彩色笔或记号笔
☆ 约9g小苏打粉
☆ 细口小瓶若干
☆ 约50 mL食醋

先把气球吹起来，用记号笔或彩色笔在上面画上火箭造型，再把气放掉。这样一来，在之后的实验中生成的二氧化碳能更轻松地进入气球内部，把气球吹膨。

在小瓶中先放入小苏打粉，再倒进食醋，然后迅速将气球紧密套在瓶口处并退到2米外。仔细观察瓶中情况，你会发现，小苏打和食醋在反应过程中出现了许多气泡，这些气泡其实就意味着酸碱中和反应的进行和二氧化碳气体的生成。这些气体先会充满小瓶，然后慢慢进入气球里，让气球渐渐变大。

☆ 趣味拓展

你能尝试下用不同量的小苏打粉和食醋进行实验吗？看看哪种搭配能让气球变得最大最圆吧！

全力加速吧！

简单来说，反应物就是放到一起能产生化学反应的物质。有些化学反应的发生速度很慢，而有些要快很多，这取决于在反应过程中有多少化学键需要被打破。比如，金是一种很不活跃的金属，很难和其他物质发生反应，而钠和钾却是非常活跃的金属，以至于它们一旦和空气接触就会氧化生锈。因此，火箭科学家们需要对燃烧反应的速度进行控制，这大多通过调整燃料的泵入速度而达到。

另外我们需要知道的是，将反应物集中到一起或者提高反应环境的温度都能加速化学反应。

了解清楚基础原理后，就动手开始吧！

☆ 两个气球
☆ 彩色笔或记号笔若干
☆ 温水（水温不要太高）和凉水各一杯
☆ 小瓶子
☆ 维生素泡腾片若干

先把气球吹起来，在上面画上火箭，再把气放掉，这样能方便之后实验中产生的气体进入气球。

小心地把温水倒入小瓶子里，再拿另一个同样大小的瓶子倒上凉水，都倒到瓶子的三分之一处。依次在瓶中丢入一片泡腾片，再快速把气球紧密套在瓶口处。仔细观察，你会发现在温水中的泡腾片产生的气泡要更多，溶解得也更快，连在温水瓶上的气球也会先鼓起，这都意味着温水瓶中发生的化学反应速度要更快，产生二氧化碳气体的时间更早。

☆ 趣味拓展

再做一次刚才的实验吧，但这次把热水加一片泡腾片改成用同样的凉水但加上两片泡腾片，你觉得会有什么样不同的情况发生呢？快试试吧！

☆ 学习园地

反应物越集中，反应也就越快，这是因为有更多可供反应的物质存在。温度越高，反应也越快，这则是因为当物质被加热时，构成物质的粒子就获得了更多能量，运动得也就越快，意味着反应物之间的接触也就更加频繁。

小小喷气嘴，飞行大学问

☆ 背后的科学——推力，升力，化学反应

在之前的实验中，我们已经学到，火箭飞行时所依靠的推力是通过燃料的燃烧产生的。喷气嘴是火箭主体上一个不起眼的部分，燃烧所产生的滚滚热气都从这里出去。细小的喷气嘴使得气体逸出的速度加快，从而增强了推力。

☆ 配有可调节喷嘴的塑胶水管

☆ 粉笔（自选）

☆ 不同型号的注射器

☆ 颜料若干（自选）

☆ 一张白纸（自选）

如果想要检验下喷嘴是怎样工作的，我们可以借用花园里的水管来做个实验。两者在工作原理上十分类似，不同在于火箭上的喷气嘴喷出的是气体，而实验中用的喷嘴则喷出水。

我们的实验需要在户外空地进行。先把喷嘴调到最大，将水管连好，打开水龙头，看一看水柱能喷多远。如果有粉笔的话，可以把距离标记下来。然后将喷嘴调到最小，再按照之前的操作进行一次，测量出这次水柱喷射的距离。你会发现，喷嘴越小，意味着水在离开水管时所产生的力越大，速度越快，运动得也就更远。当你握着水管前端时，你是否也感受到了，随着喷嘴的缩小，产生了更多的推力呢？

☆ 趣味拓展

我们用注射器也可以进行类似的实验。先将开口尺寸不同的注射器依次吸满水，再推动。你会发现，推动开口越小的注射器要越费劲，但从中出来的水流能够喷射得更远。你能猜一猜原因是什么吗？

你如果还意犹未尽，不妨试试下面这个小游戏。将不同色彩的颜料分别和水稀释后吸入注射器中。接下来，把一张白纸平铺到地上，稍微站开几步，试着将颜料喷射到纸上作画。游戏过后，你发现哪种大小的注射器能更容易地让颜料落到纸上呢？

软木塞的华丽飞行

☆背后的科学——化学反应

正如本站开头所提到的，小苏打和食醋混合会发生中和反应，产生二氧化碳。通过这个原理，我们就能打造出一艘软木塞迷你火箭。

快来看看这次实验中需要用到些什么吧！

☆ 护目镜
☆ 软木塞一个
☆ 装饮料的小塑料瓶一个
☆ 小苏打粉约 13 g
☆ 纸巾两张

这次的实验必须要在户外进行，因为软木塞火箭弹射出去的方向不定，速度非常快且带有很大力量。另外在实验全程都要佩戴好护目镜，避免意外的发生。

要注意软木塞要刚好能紧紧塞住瓶口，不会让瓶内的气体轻易逸出，否则我们的火箭发射就很有可能会失败。接下来我们要调配火箭的燃料。如果我们直接把小苏打放到瓶子里再加上食醋的话，反应就会立刻发生，其速度之

快很可能使得产生的二氧化碳气体在我们塞好软木塞之前就消散得所剩无几了。为了解决这个问题，我们先要用纸巾把小苏打粉包好再放入塑料瓶中。把瓶子放到地上，然后在瓶中加上食醋，塞好软木塞。需要特别注意的是，当你在塞软木塞时，切记要把头偏到一侧，塞好后就迅速跑到远处，以防软木塞弹射出来伤到自己。随着瓶内化学反应的进行，二氧化碳气体逐渐增加，直到瓶中压力大到一定程度，伴随着"砰"的一声，我们的迷你火箭腾空而起，在空中划过。

☆ 趣味拓展

开动脑筋，给你的迷你火箭加上一些装饰吧，例如尖顶和彩带？再试飞一次看看，这些装饰物会对火箭的飞行造成什么样的影响呢？

燃料泵上的奇思妙想

✿背后的科学——化学反应

　　火箭引擎都是用燃料泵喷出燃料和氧化剂，使两者在炉膛中相混合。每次喷射的速度和喷出的量影响着所产生推力的大小。

　　因为燃料泵的构造比较复杂，这次我们直接用洗手液或洗发水等包装中带有的简易泵来做实验，会方便很多，且依然很有趣，快来看看都需要准备什么吧！

　　✩ 两个自带压泵的空洗手液瓶或洗发水瓶
　　✩ 足量的水
　　✩ 不同颜色的颜料或者食用色素
　　✩ 一个大盆
　　✩ 小苏打粉
　　✩ 食醋
　　✩ 洗洁精

　　空洗手液瓶压泵等同于燃料泵。虽然我们不能进行燃烧反应，但我们可以试一试颜料混合。

　　将混合好的不同颜料倒进洗手液瓶里，到一半的位置即可，不要倒满。你可以把一瓶装黑色颜料，另一瓶装白色颜料，然后把两个颜色泵入到盆里看看会发生什么。黑色和白色会逐渐混合到一起，形成不同深浅的灰色。或者你也可以一瓶是黄色颜料，一瓶是蓝色颜料，两者混合到一起能形成不同层次的绿色；一瓶红色颜料，一瓶黄色颜料，能形成橘色；一瓶红色颜料，一瓶蓝色颜料，能形成紫色。试试看，你还能发现颜色混合的新搭配吗？你能同时把两瓶颜料都泵入到盆里吗？

✿ 趣味拓展

　　将一勺小苏打粉和水混合倒入一个瓶中，再在另一个瓶中装上食醋。当我们把它们泵入盆中时，两者发生中和反应，生成许多气泡。往盆里加上一些洗洁精和食用色素或者颜料，就能得到一层厚厚的缤纷泡沫啦！

✿ 学习园地

　　小苏打粉和食醋只有在混合到一起时才会发生反应。在火箭里，燃料和氧化剂也只有都泵到炉膛中时才会发生化学反应。

旅行第九站
变幻不定的航迹

　　航迹指的是一个物体在飞行时的轨迹。想象一下，当我们把球扔出去时，球划过空中时的轨迹。当你把球垂直向上丢时，和把球向前丢给别人时，两种情况下，球飞行所经过的轨迹都是不同的。

　　火箭发射时首先垂直向上飞行，穿过密度较大的低空大气层，之后改变航向，进入预定的环地轨道。这意味着火箭的整个航迹并非像你之前想的那样简单，只是垂直向上，而是一种更为复杂的曲线型。

挤一挤，欢乐多

✡背后的科学——化学反应

这次的火箭打造起来非常容易，但却能帮助我们很好地理解火箭发射角度对其航行造成的影响。它的发射原理是，当你挤压塑料瓶时，空气从连接着瓶子的大吸管中被挤出，推动着连接火箭的小吸管飞射出去。

我们需要用到的东西有：

✡ 一个带有吸嘴盖的空塑料水瓶

✡ 一把剪刀

✡ 两根吸管，一根的宽度要刚好能塞入另一根

✡ 橡皮泥

✡ 一张卡纸或白纸

✡ 彩色笔或记号笔

✡ 胶带适量

首先要将吸嘴盖紧紧扭好，不会有空气从缝隙中逸出，否则火箭就很难飞远。将细吸管剪成四等份，将其中之一塞入吸嘴盖中，留一半在外面，用橡皮泥把四周封严。你可以通过挤动塑料水瓶来检查是否封好了。如果是，空气应该都会从吸管处逸出，而非瓶颈处。到这里，我们的火箭发射器就完成啦！

接下来我们要开始做火箭了。首先把宽吸管等份剪成四段，取出其中之一，将其一端封上胶带，这是为了防止空气逸出。在白纸或卡纸上用彩色笔或记号笔画一个小火箭再剪下来，用胶带粘到宽吸管上，我们自制的简易火箭就完成了。需要注意的是，火箭越轻，才能飞得越远哦！在制作的时候要控制好火箭自身的重量。

将做好的火箭和发射器连接好，挤动塑料瓶，你会发现火箭"咻"地一下就飞出去了，是不是很有趣呢？尝试着从不同角度来发射吧，看看每次火箭的航迹是什么样的呢？哪次火箭可以飞得最远呢？

✡趣味拓展

试着给小火箭加上一点重量吧。我们可以把橡皮泥搓成小球，粘在火箭吸管的前端。这会对火箭的航行距离有什么样的影响呢？

✡学习园地

在实验中，你可能会发现，当火箭向前发射时，要比垂直向上发射时飞得更远。这是因为在向前发射时，引力和发射器所提供的向前的推力产生了共同作用，使得火箭航迹呈曲线，比当垂直向上发射时的直线航迹要更远。

泡沫材料大变身

☆ **背后的科学——航迹**

这次的实验是上一个实验的加强版，主要会用不同的材料来制作我们的新火箭，你可以选择继续使用上次做好的挤压式发射器，也可以简单地就用一根吸管来代替。把泡沫火箭套在吸管上，嘴含住吸管另一端，把火箭吹出去就可以了。

完整版的实验需要用到以下的材料：

☆ 包裹管道或电线的绝缘泡沫塑料卷
☆ 管道 / 电路胶带
☆ 用于装饰的卡纸（自选）
☆ 普通透明胶带
☆ 一根宽度刚好能塞入泡沫塑料卷的吸管
☆ 之前做好的挤压式发射器
☆ 一把剪刀

先剪下一小段泡沫塑料卷，再用管道胶带将其一端封死，这就是泡沫火箭的主体了。如果你想的话，可以用卡纸做一个火箭锥和机翼，再用胶带把它们粘到泡沫上做装饰。

将做好的泡沫火箭和吸管连接好，用嘴对着吸管直接吹就能发射火箭了。你也可以把泡沫火箭和做好的挤压式发射器连接到一起，注意两者之间不要有缝隙。连接好后选择一个你喜欢的发射角度，挤压瓶身，你会发现火箭马上就弹射到空中了。

☆ **趣味拓展**

试着从不同角度发射你的泡沫火箭，研究一下从哪个角度发射时，火箭能飞得最远呢？

飞行航向角的变换

✿背后的科学——角度

如果你做了前面的两个实验，你就不难发现，改变火箭发射的角度就能改变其航行的轨迹。

不仅仅是火箭，在导航各种航天飞行器时，角度都是非常重要的因素之一。举例来说，当火箭返回地球时，在即将进入大气层前就需要调整好航向角，角度必须在规定值内，否则火箭将会破裂开来或重新被弹回太空。量角器这个时候就派上了用场，它和我们平时在数学课上使用的量角器有异曲同工之妙，但要更大也更复杂，是专门用来衡量航行角度的，能将航向角直观地反映出来，便于人们做出调整。

我们这次将做一个放大版的量角器，需要用到的物品有：

- ✩ 一大块硬纸板
- ✩ 一个大盘子或者呼啦圈
- ✩ 一把剪刀
- ✩ 彩色笔或记号笔若干
- ✩ 一把尺子
- ✩ 数学量角器
- ✩ 之前实验中做好的吸管火箭或者泡沫火箭及挤压式发射器

要做这个大量角器，我们首先需要从硬纸板上剪下一个大的半圆。

我们可以把大盘子或者呼啦圈放在卡纸上，用彩色笔沿着画出一个半圆形，再剪下来。用直尺量出半圆形底边的中点，做上标记，从中点处借助尺子画一条垂直于底线的直线，在上端标出 90°。再在底线右端标出 0°，在左端标出 180°。借助数学量角器，把其他角度也一一标明。

快拿着新做好的量角器去测测火箭在不同角度发射会有什么不同吧！当你让火箭 90° 垂直向上飞行时会发生什么呢？亲自动手去寻找答案吧！

✿趣味拓展

试着借助量角器，确定火箭发射的不同航迹角，并用粉笔在地上记录下每次火箭航行的距离，找出哪个角度火箭飞得最近，哪个角度又最远呢？

✿学习园地

我们数学课上用的量角器大多都小小的，由塑料制成，而这次我们做的巨型量角器则便于我们检查火箭的航迹角以及确定其发射的角度。

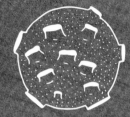

旅行第十站
太空生活乐与忧

人类的身体已经适应了在地球上的生活。我们习惯了引力的存在，一直呆在地面上；习惯了宜人的气温；习惯了和其他人频繁的交流与互动；习惯了食物的随手可得。然而，太空与地球是如此不同，充满未知的危险与恶劣的环境。火箭飞船必须要提供宇航员们在太空生活的所有必需品：光、热、食物、水、空气和免于危险的庇护所。

就算只呆在飞船里，宇航员们在航行中都会经历眩晕、失重、高辐射、骨质疏松等一系列问题。太空生活可真是有喜又有忧啊！

外太空生存的关键防线：宇航服

✿ 背后的科学——不同材质的特性

　　宇航服是守护宇航员们生命安全的重要装备，在防止他们免受太空危险侵扰上发挥着巨大作用。一套合格的宇航服，要能保护宇航员免受极端寒冷的伤害，不使其曝露于太空辐射和强烈阳光之下，不使其被太空中快速运动的粉尘和石块所伤，同时还要能持续提供氧气，排出二氧化碳，保证宇航员的视野清晰。总而言之，宇航服需要为宇航员提供一套完整的生存支撑系统。

　　因此，在选择制作宇航服的材料时就需要花很大心思，保证在各种极端环境下，宇航服都能为宇航员提供全方位的保护。

　　在这次的实验中，我们就要先检测下，不同材料在低温下，它们各自的特性会发生什么样的变化呢？

我们将要检测的材料和用到的工具如下：

✿ 棉花
✿ 毛毡布
✿ 气泡纸
✿ 铝箔纸
✿ 蛋糕托盘（自选）

　　先把每种要测试的材料都切下来一小块作为样本，注意大小都要差不多。依次感受下每种材料的质地和柔韧度，并仔细地记录下来。

　　蛋糕托盘不是必须的，但如果有的话是最好。我们可以把材料分开放置在托盘格子中，这样就能避免样本在之后的冰冻过程中相互粘连到一起。如果没有托盘的话，在把材料放冰箱冷冻室的时候就要格外注意，不要让材料相互接触到。放好后，把冰箱门关好，让样本冰冻大概两小时。

　　时间到后把样本小心取出，依次检查每个样本，看看它们的形状在冰冻之后发生了什么变化。为了便于分析，请画一个表格，记录下不同材料发生的变化。有哪种材料的变化是让你感到惊喜的吗？是哪种呢？和别人分享一下吧。另外，除了规定好的材料，你还能想到能用来做测试的其他材料吗？动手试试看它们在冷冻后会发生什么样的改变吧！

　　值得注意的是，冰箱冷冻室的温度和外太空的温度一比，那可是小巫见大巫。冷冻室的温度通常只有 -17℃ 左右，而外太空环境下的温度可以低到 -270℃ 呢！

✿ 趣味拓展

　　你能为宇航员们设计一顶防护头盔吗？想一想，什么样的头盔才能满足宇航员的需要呢？除此之外，宇航员出舱后还要带上些什么呢？是不是需要带上相机等拍摄装置？是不是要带上照明设备？是不是要有食物应急供给？

防寒保暖，生存必需

☆ **背后的科学——状态变化，绝缘**

航天器必须要能为宇航员们提供安全舒适的环境，适宜的温度，保护他们免受太空极端环境的威胁。因此，在打造航天器时，工程师们都会使用一些特殊的材料，不仅仅能隔绝外界的极端严寒和酷热，还能隔绝太空辐射。

这次的活动是要探索来自太阳的光和热对地球万物的影响。这个有趣的实验需要我们准备的材料有：

☆ 同样形状和大小的冰块若干
☆ 一张铝箔纸
☆ 一张黑色卡纸
☆ 一张白色卡纸
☆ 一张餐巾纸
☆ 一张气泡纸
☆ 定时器或闹钟

这次实验的目的是延缓冰块融化的速度。先用不同材料把等量的冰块包裹好，再留出一份什么都不包的冰块，用来作为对照，让我们能知道冰块在自然环境下的融化情况。

把各组冰块都拿到户外，分开放在有阳光照射的地上，用计时器或闹钟定好时间，每5分钟察看一次各组冰块的融解情况。你能发现哪组冰块融解得更快吗？如果不是太明显，请耐心等一会儿，大概在15分钟之后各组冰块就会有比较大的变化了。

你能选出其中最能有效延缓冰块融化速度的材料是哪种吗？这意味着这种材料的保温效果最好。

☆ **趣味拓展**

除了用不同材料把冰块包起来放到相同位置去测验，我们还可以直接把冰块放到不同地方去做实验。适合的实验场地有太阳下，树阴处，冰箱里和窗台上。你觉得在哪个地方的冰块会最先融化呢？

太阳能打造的美味

☆ 背后的科学——吸收，反射

　　太空飞船最好的能量来源就是太阳。太阳能板收集太阳能，太阳能再转化成电能，就可以用来为飞船提供动力了。我们这次的试验就是要搭建一台太阳能炉，利用太阳散射出的能量来烹调食物。太阳能炉可不仅仅只是简单地依靠晒太阳来加热食物，它的设计非常特别，能充分地利用太阳的热能。

　　铝箔能反射光和热，所以我们要在太阳能炉的盖子内侧铺上铝箔，并将其放置在恰好能将光和热反射到炉内食物的位置上。而炉底则要铺上黑色的纸张，用来吸收被炉顶反射下来的光和热。最后，塑料保鲜膜覆盖在炉顶，防止炉内因太阳照射产生的暖空气逸出带走热量。

　　说了那么多，让我们收集好材料开始制作吧！

　　☆ 一个纸盒（如外卖披萨盒）
　　☆ 铝箔
　　☆ 黑色哑光卡纸若干
　　☆ 一卷胶带
　　☆ 棉花糖，巧克力，芝士或冰块
　　☆ 两个盘子
　　☆ 塑料保鲜膜
　　☆ 一些细棍

　　首先将纸盒盖子内侧铺上铝箔，再在盒子四侧和底部用胶带粘满黑色哑光卡纸。我们可以用棉花糖、巧克力、芝士或冰块来做实验。将它们分成等量两份装在盘子里，一份放在炉内，一份放在炉外，比较下哪份会融化得更快呢？

　　将太阳能炉放在正对太阳的地方，调整炉盖，让太阳光刚好能被铝箔反射到食物上，然后用胶带和细棍去固定好炉盖位置。将塑料保鲜膜缠绕在炉子上，将其封闭，防止炉内受热气体向外逸出。随着太阳位置的变换，我们需要时不时移动下炉子，让其始终朝向太阳。

　　大致需要 1 个小时，食物才能融化，具体时间长短会受到实验当天气温和实验进行时间的影响，所以要保持耐心呀！

　　除了上面提到的食物，我们也能根据自己的喜好做出一些其他的选择。但是，由于太阳能炉所提供的温度不一定能将生鲜食品加热到可供安全食用的程度，所以我们只能选择那些即使不加热也可以食用的食物。

☆ 趣味拓展

　　尽量用一种能滞留热量的材料覆盖在太阳能炉内，作为热隔绝层，气泡纸或者报纸都是很好的选择。加上隔绝层后，看看加热食物的速度有变得快一些吗？

☆ 学习园地

　　在太阳能炉内主要有三大过程在进行。一是铝箔反射着太阳光和其携带的热能；二是黑色哑光纸吸收反射下来的光能和热能；三是塑料保鲜膜封存了炉内受热气体，避免热量随之逸出。正是这三大过程同时进行，相互合作，最终将食物加热融化。

如何免受太阳辐射的伤害

☆背后的科学——紫外线光的作用

　　紫外线是一种人们肉眼无法看见的辐射，如果不采取适当保护措施，紫外线很容易对人们的眼睛和皮肤造成伤害。幸好，紫外线是很容易被阻截的。在地球上，大气层或阻截、或削弱了包括紫外线在内的大多数太空辐射，因此，人们不需要太过担忧。然而，在外太空，辐射问题就要严重得多了。出于健康和安全的考虑，宇航员们必须要佩戴专门的防护眼镜和面罩来保护眼睛和脸，身上穿的宇航服也需要有反射太阳辐射的功效。

　　紫外线光珠可以帮助我们很好地了解紫外线辐射。当紫外线光源存在时，珠子会呈现出蓝紫色，并且颜色会随着紫外线辐射强度的提高而加深，当紫外线光源消失时，珠子的颜色又会逐渐恢复成最初的颜色，通常是透明的或者白色。我们这次的实验中就需要用到它，除此之外，还有以下材料也需要准备好：

　　☆ 一卷细线
　　☆ 白纸或卡纸
　　☆ 不同防晒指数的防晒霜

　　根据你想要测试的防晒霜数量，将等量的紫外线光珠依次串到线上，再多加一颗作为对照。在串线的过程中，每串好一个珠子就在后面打个结，防止其四处滑动。这个实验最好在晴天完成，但你也可以在多云天再试一次，对照一下会发生什么不同吧。

　　将串好的珠串拿到户外，你会发现，几乎是一瞬间，珠子的颜色就都变了。将珠串放到纸上，依次在珠子上涂满需要测试的防晒霜，并在白纸上记下对应的防晒指数。将白纸和珠串一起拿到太阳下放好，逐次记下每个珠子颜色的变化。当你不看标记时，你能准确无误地测出每个珠子所对应的防晒霜是哪一款吗？叫上你的朋友们，一起猜猜看吧！

☆ 趣味拓展

　　接下来我们要做的可能稍微有些难度，但会很有趣。你能把珠子半边抹上防晒霜，另外半边保持原样吗？看看两边会有什么不同吧。

☆ 学习园地

　　紫外线也并非一无是处，相反，它对我们身体合成维生素 D 有着重要作用，而维生素 D 能够强健我们的骨骼，提高我们的免疫系统。但过度曝晒于紫外线下，却会对我们的皮肤和眼睛造成严重伤害。因此，小朋友们在户外玩耍的时候，一定要做好防晒防护呀！

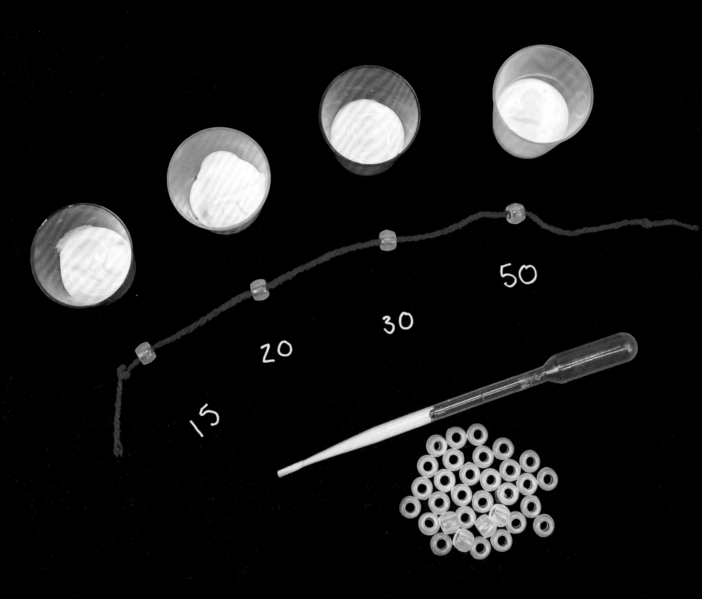

50

30

20

15

你是平衡高手吗？

✩背后的科学——宇宙生活对人类机体造成的影响

　　宇航员们需要一些时间才能适应太空的生活。在地球上时，重力的存在能帮助我们保持平衡。我们能有一种站直的感觉，也是因为当我们站在地面上时，能感受到自己身体的重量在脚之上。然而，在太空中时，没有地球引力，失重意味着大脑失去了觉察站立和平衡的指标，一下子打破了原有的状态，这就是为什么宇航员们在初次到达太空时都会感到有些头晕目眩，恶心想吐了。要适应太空上的生活，宇航员们首先就需要适应失重的环境，在其中寻找到另一种平衡。

　　你能成为合格的宇航员吗？先从锻炼平衡力这一关开始吧！

✩一个软球

　　先将双手平举在空中，只用一条腿站立，你能轻松办到吗？能坚持多久呢？如果不行，也别气馁，多尝试几次就会慢慢找到感觉了。然后，找几个朋友和你一起玩下面这个游戏吧。大家都用一条腿站稳，间隔差不多的距离，相互投递软球，整个过程中悬空的一只脚不能落地，大家都能接到球吗？每个人感觉自己用哪条腿站立时更轻松，是右腿还是左腿呢？相互讨论一下吧。多玩几轮，看看最后大家能不能找到平衡，能不能在单脚站立的情况下又快又稳地接住球。在游戏过程中一定要注意安全，尽力而为，谨防摔倒。

✩趣味拓展

　　你能一边单脚跳动，一边投接球吗？在月球上的物体所受到的引力要比在地球上的小得多，如果我们在上面玩这个游戏，你觉得会发生什么不同寻常的事情呢？

清洁水源何处来？

✿ 背后的科学——不同材料的性能

人类需要有水才能生存，但因为运载空间和质量的限制，是不可能把宇航员在很长一段时间内所需要的所有生活用水都靠火箭从地球运到太空的，所以，宇航员们饮用的水都是被彻底清洁过滤后再循环利用的水，这意味着他们一直在反复喝同样的水。

清洁水的一种重要方法就是过滤。由于太空中的饮用水过滤系统非常复杂，我们在这次的实验活动中只会仿照其原理，尝试完成一个简单版本的过滤器。

制作这个过滤器需要用到的材料有：

✿ 一杯清水

✿ 适量亮片、泥土或者沙子

✿ 几张咖啡滤纸

✿ 一卷纸巾

✿ 小石子或小鹅卵石

✿ 一个漏斗

✿ 一个塑料水瓶

我们首先要把清水弄脏，可以将亮片、泥土或者沙子放入水杯中。接下来，我们要用咖啡滤纸、纸巾、小石子或者小鹅卵石来过滤脏水，你觉得哪种材料过滤出来的水会最干净呢？

当决定好先测试哪种材料时，把那种材料放到漏斗里铺好，再把漏斗嘴放入空塑料瓶内。然后缓缓将脏水倒入漏斗中，过滤会需要一些时间，所以倒水的速度注意一定要慢，

否则水很容易会溢出或者过滤效果不佳。你会发现，与之前相比更加清澈的水流会逐渐由过滤层滴下到瓶子里，而固体物质则被过滤掉了。依次实验不同的过滤材料，记下哪种材料过滤得到的水最干净，是你之前猜想的那种吗？

实验中过滤得到的水并不能饮用，里面依然含有很多有害物质。航天飞船上可供饮用的水可不单单是靠过滤得到的，还经历了很多其他复杂步骤。

✿ 趣味拓展

试着用不同大小的石头来过滤水，你会发现它们也能过滤掉脏水中的部分杂质，让其稍显清澈。

✿ 学习园地

过滤层其实就是由一种能让液体通过，但困住固体物质的材料组成的，它能将液体和固体分离开来。

我竟然长高了？

☆背后的科学——测量

呆在外太空会对人体造成很多严重的影响，毕竟我们的身体早就适应了地球上存在地心引力的生活。一段时间的失重生活过后，宇航员们的肌肉会因太久没有使用而消瘦下去，血压会发生变化，骨骼密度也开始降低。想象一下，几个月都漂浮在空中，没有走路，缺少负重锻炼，骨骼和肌肉自然会变得虚弱。这就是为什么宇航员们在太空里每天都要锻炼几个小时。

但是，太空里的生活也会带有一些有趣的变化。在地球上时，构成人类脊椎的每节椎骨之间存在的间隔会因为引力的存在而被稍稍压缩，但在外太空的失重环境下，这种压缩就不复存在了，意味着每节椎骨都伸展开来，宇航员们因此至少能长高 5 厘米呢！

虽然我们现在无法真正到外太空去，看看自己能变得多高，但我们可以做一个预估。这次的活动非常简单，只需要用到以下工具：

☆卷尺或软尺

这次的实验需要别人的帮忙。你先双脚并拢站直，让爸爸妈妈或朋友用卷尺或软尺测出你的身高。在测量时要注意将尺子的零刻度和脚底对齐，不要弯曲尺子，避免测量不准造成的误差。加上 5 厘米之后你有多高了呢？这意味着你能做一些现在做不了的事吗？比如说能让你在游乐园里玩过山车了吗？或者能让你够到厨房里更高一点儿的架子了吗？

☆趣味拓展

为了减少失重或者微引力环境所带来的影响，宇航员们在太空生活时必须要每天都保持锻炼。

你能为宇航员们制订一个富有趣味性的锻炼计划，方便他们照着进行吗？负重性锻炼会是最佳选择，诸如慢跑、重量训练和跳舞等项目都是可以考虑的。但在设计时必须要考虑到的是，宇航员们在船舱内并没有太大的空间可以用来锻炼。

饮食大难题

☆ **背后的科学——引力，太空生活**

引力缺失带来的问题可不仅仅限于之前所提到的那些。宇航员们要面临的另一个问题就是如何才能吃到四处浮动的食物。想象一下，你刚在食物上撒上些许盐和胡椒准备要吃，就眼睁睁看着它飘走了，该有多沮丧呀！而且随便飘浮的水和食物会对航天飞船造成严重的破坏，所以必须想好解决的办法。

你能设计出一种包装，帮助宇航员们正常饮食，但又不会让水和食物跑出来在船舱内到处乱飘吗？试试看怎么用到下面这些材料来解决这个问题吧。

☆ 一根吸管
☆ 一个可重复利用型塑料食物封装袋
☆ 普通胶带、美纹纸胶带、管道胶带
☆ 一杯水
☆ 一杯牛奶或者其他任何液体

我们这次要实验的包装设计需要用到吸管和能够多次使用的食物封装袋。为了不让液体从封装袋中泄露出来，我们需要将吸管和封装袋之间的缝隙紧密封好。

先小心地将吸管从封装袋一侧戳进去，然后用胶带粘牢在吸管四周，封死吸管和封装袋之间的缝隙。完成后我们需要检测一下整个密封是否牢固。向袋子里倒入大概三分之一的水，将上端封条关严，按住吸管口，上下翻倒封装袋，水有从袋子里流出来吗？如果没有的话，我们的密封包装就完成啦！

向袋子里倒入牛奶，封严袋口，从吸管吸一口，你能喝到牛奶吗？会有牛奶滴出来吗？

与用普通胶带相比，当我们用美纹纸胶带或者管道胶带做密封时，哪种会更好呢？动手试试吧。除了我们刚做的包装袋，你还能想到其他哪些有相同功能的设计吗？

☆ **趣味拓展**

开动你的小脑筋，想象一下，如果有位宇航员想要在太空里享受一顿丰盛大餐，你能想到什么办法帮他固定住餐刀和餐叉但又不影响正常使用呢？除此之外，还会有什么样的问题呢？

* 小提示：你觉得用托盘和磁铁会是个好主意吗？餐具固定好了，但食物还会到处乱飘吗？该怎么解决呢？

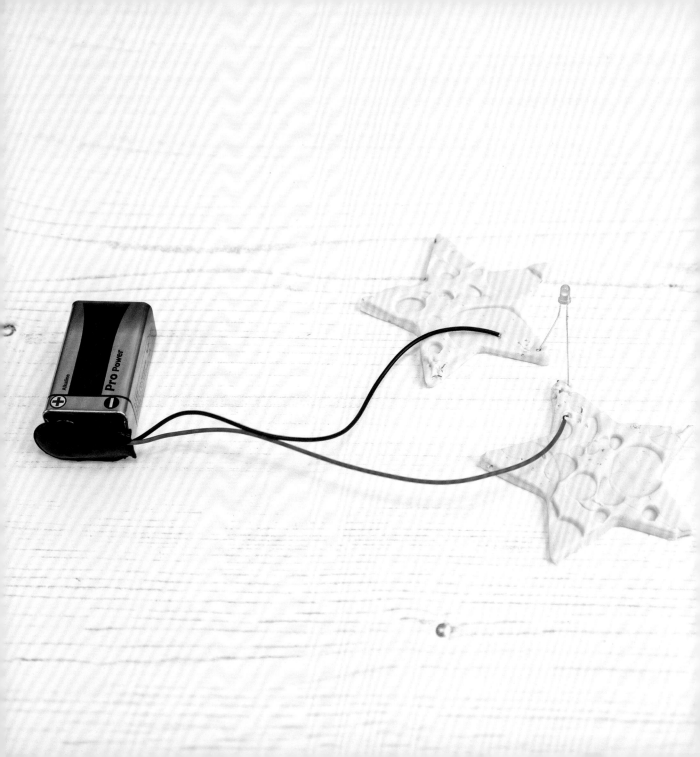

太空供电局

☆背后的科学——电力

    国际太空站依靠太阳能发电提供日常所需能源。太阳能电池板收集阳光并将其转化为电能，供给空间站。电流经由电路传输到各处，但只有当电路完成时，接通电源，电流才能通过。在这章节的实验中，你将学习如何制作属于自己的电路，以及电流是如何通过我们的自制橡皮泥的。

    我们需要准备好以下实验原料：

☆ 自制橡皮泥

☆ 两节 5 号电池

☆ 一个自带导线的 5 号电池座

☆ 发光二极管（又叫 LED 灯珠）

    我们首先要把食盐和面粉倒进碗或盆里，充分混合后放在一边。加入大概 4~6 滴食用色素进温水里，再把温水倒入面粉中，用手将面粉和水逐渐混合均匀形成面团，用力将面团揉搓成型，我们的自制橡皮泥就完成了。做好的橡皮泥要存放在密闭容器里，或者用塑料保鲜膜包裹起来，防止其水分蒸发变干。

    下面我们就要开始制作简单的电路了。取下两块差不多大小的橡皮泥，分别搓成小球。将电池按正负极放好在电池座内，把红色导线头塞入一个橡皮泥球里，再把黑色导线头塞入另一个里面，注意两个小球要分开放，不能有接触。

    在取出发光二极管时，你可能会注意到，它一端长，一端短。长的一端是正极，必须要放到连接着红色导线的橡皮泥团里；而短的一端则是负极，需要放到连接着黑色导线的橡皮泥团里。这么做的原因在于，二极管是一种能够单向传导电流的电子器件，只允许电流由单一方向通过。如果你按照指导一步一步来，就能正确连通二极管，接通电源，上面的小灯立刻就亮了！如果电源接通，线路连接也都正确，小灯还是没有亮，你可能需要检查下两个橡皮泥团是否完全分离开了。这是因为，电就像个懒小孩，总是喜欢走最短最轻松的路，当两块橡皮泥连接在一起时，它就会从橡皮泥间走过，而不会绕远路去通过二极管了，小灯自然也就不会发光啦。

    当你感觉自己已经对电路工作的原理有些许了解时，不妨试试对原有的电路做些小小的改动吧。你可以用星星压模把橡皮泥压出形状，看起来就像两颗星球，再将导线和二极管等按先前的步骤连接好，一个有趣的太空电路就完成啦。

☆ 趣味拓展

    你能设计出一个更加复杂的电路来展现一个星座吗？你需要特别注意的是，整个电路必须要完整，电流才能流通，小灯才会发光。

☆ 学习园地

    为什么我们自制的橡皮泥能传导电呢？秘密就在于橡皮泥中所含有的盐。盐离子是良好的电导体，正是因为它的存在，电流才能在橡皮泥上通过。如果你想制作一些绝缘（也就是不导电）的橡皮泥，你只需要在原有配方基础上去掉加入食盐这一步即可。

星星压模

☆ 1/4 小杯（大约 60 g）的食盐

☆ 一小杯（大约 125 g）的面粉

☆ 食用色素

☆ 1/2 小杯（大约 120 mL）的温水

   一个碗或盆

这次实验里用到的橡皮泥和市售的橡皮泥不太一样，快看看我们的橡皮泥 DIY 小秘方吧！

脱水食物也美味

  宇航员们在太空生活需要面临的又一大难题就是食物的保存。飞船的运载空间和载重量都十分有限，是不可能将我们平日里几个月正常生活所需的食粮都输送到太空里的。因此，带上太空的食物必须要轻便且能保存较长的时间。

  最开始的航天食品都是半固态的，被储存在牙膏管一样的软包装里，当宇航员们要吃时，打开包装挤到嘴里就可以了。这种食物虽然方便携带和食用，但吃起来却并不美味。近几年，随着航天技术的发展，宇航员们在太空生活的时间逐渐延长，对饮食质量的要求也提高了，科学家们开始着手开发新的太空食品。

  一种办法是将烹调好的食物冰冻起来，再除去水分，以此降低食物重量。你可以试试用家里的烤炉烘干食物，如果你住的地方日照充足，也可以直接将食物放在户外晒干。

准备好下面的材料，让我们赶快开始吧！

 ☆ 需要脱水制作的食材（如苹果、西红柿、桃等）

 ☆ 一个烘烤盘

  出于安全考虑，你需要向身边的成人寻求帮助，麻烦他将苹果去皮后切成片状，平铺到烤盘上。将盛满苹果片的烤盘放入烤箱，用低挡烘烤6~8小时后，苹果干就完成了。如果你想要超市里买到的苹果脆片那样酥脆的口感，则需要将烤箱温度调至177℃，烘烤大约一小时，直到苹果片边缘微微焦黄，就能得到美味可口的苹果脆片啦。把做好的苹果干或者苹果脆片放到密封袋里可以储存较长的时间。

  接下来让我们挑个天气晴朗的日子，一起来晒西红柿干吧！让成人先把西红柿切成薄片，平铺在烤盘里，放置到太阳直射的地方。根据天气情况，大概需要几天时间西红柿才能晒干，所以记得在太阳落山后要将烤盘收回来。

☆ 趣味拓展

  除了刚才提到的食材，你还能想到其他的吗？不妨试一试晾晒香料？先把收集到的新鲜香草洗干净，扎成一捆一捆的，悬挂在太阳下晒干，晚上收回来，几天后就能得到自制的干香料了。

☆ 学习园地

  脱水后的食物营养价值不变，重量却减轻了许多，还能在常温环境下保存更长的时间，因此成为宇航员们在太空中食物补给的上好选择。

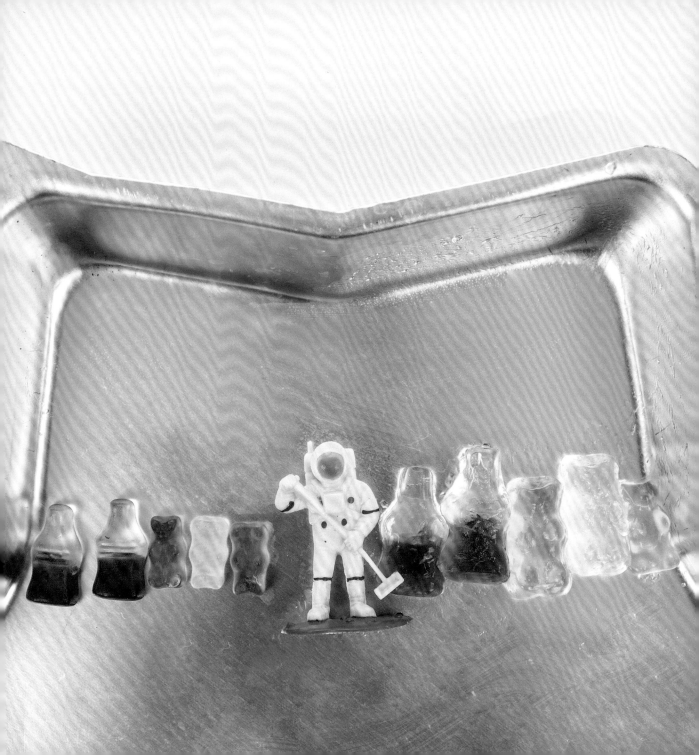

补充水分，活力重启

✿背后的科学——食物保存

　　所有活物都需要水才能继续生存。人如果缺水，机体运行就会不正常；当脱水过多时，人会感到极度虚弱，甚至会有生命危险。将来，宇航员们可能会在太空呆得更久，只吃脱水食物并非长久之策，是时候该补充些水分啦。如何把脱水后的食物恢复呢？接下来的实验就要解决这个问题。

这次活动需要用到的东西有：

✿ 一杯凉水

✿ 一个大碗

✿ 要补充水分的食物（比如葡萄干、苹果干或者QQ糖）

　　将凉水倒入碗中，再把要恢复水分的食物放进去。注意只能用饮用水，否则你需要将吸水后的食物煮沸才能安全食用了。食物在吸收水分时需要一些时间，所以务必要保持耐心哦。当看到碗中的水快要被吸干时，可以稍微再加入一些水。

　　几小时后，你会惊喜地发现，之前瘪瘪的葡萄干或者苹果干都吸满了水，重新变得饱满起来。

✿趣味拓展

　　将来，宇航员们甚至有可能会在太空自己种植食物。试着在家中种植一些可供使用的香草或蔬菜吧，比如水芹和罗勒等都是很好的选择。要记得把它们放在凉爽通风，有充足日照的地方，并定期浇水，才能收获更多美味的食物呀！

✿学习园地

　　你知道吗，我们日常生活中有20%的水分补给都是来自于食物。诸如西瓜、芹菜和黄瓜之类的食物，含水量都很高，能帮助我们快速补给水分，恢复活力，平日里要多吃哦！

旅行第十一站
壮阔的返地之行

重回地球时，宇宙飞船必须要在着陆之前迅速将航行速度降下来。通常使用的办法是利用降落伞提供的曳力来延缓飞船的下落速度。飞船想要回到地面，就必须要再次进入地球大气层，并将重新受到地心引力的作用。高速行驶的飞船和大气层中的空气粒子激烈碰撞、摩擦，产生了巨大的摩擦力和空气阻力，延缓了飞船的下降速度；但另一方面，摩擦过程中产生的许多热量将导致机体高温，稍不留意，就会机毁人亡。因此，飞船外部的材料必须要结实牢固，耐热抗高温。

降落伞大作战

☆ 背后的科学——引力（地心引力），空气阻力

当物体在下落时，有两种力作用在其上：一种是引力，会拉动物体不断向下运动；而另一种就是空气阻力，会延缓物体向下运动的速度。

如果你同时将重量相等的一张纸和一块石头从同一高度抛下，石头会先落地。虽然两个物体重量相同，意味着它们所受到的引力也相同，但是，纸张要比石头受到更大的空气阻力，这是因为它比石头的表面积要更大，也就更容易"捕获"空气，从而它的下落速度就要比石头的慢了许多。

降落伞就是根据上述原理制成的。它能通过增加空气阻力来达到延缓物体下降速度的目的，平衡引力对物体运动的影响。火箭返回舱都装备有降落伞，以保证能在尽可能短的时间内将下降速度减小到预定范围。

我们接下来的实验就要研究降落伞形状和其下降速度之间的关系。需要用到的材料和工具有：

- ☆ 棉布或塑料布
- ☆ 一把剪刀
- ☆ 透明胶带
- ☆ 一卷细线
- ☆ 一次性塑料杯或纸杯
- ☆ 小玩具人偶
- ☆ 计时器或秒表
- ☆ 电子秤

开始之前，你需要先计划好要制作的降落伞的形状和大小。越大的降落伞受到的空气阻力越大，能更大程度延缓宇航员的下降速度。降落伞可以是方形，圆形或者任何你想要尝试的形状。不同形状的降落伞之间有什么差别呢？动手实验一下吧。

你首先要按计划从棉布或塑料布上依次剪下对应大小和形状的布料，麻烦身边的成人小心地在布料边缘戳出四个等距的伞孔。再用剪刀剪下 4 段等长的细线，将每根细线的一端穿过伞孔，然后系紧，另一端用透明胶带粘好在塑料杯或纸杯上，注意各端间隔要保持相等。简易降落伞就完成了。在杯子里放上一个玩具人偶作宇航员，你就可以开始测试刚做好的降落伞性能如何啦。

把降落伞都尽量举高后抛下，邀请一位朋友在旁边记录好每个降落伞从空中到达地面所耗费的时间。不难发现，越大的降落伞，所耗费的时间越久，意味着其下降速度也就越慢。

☆ 趣味拓展

尝试在杯子里放入重量不同的玩具人偶，分别称出每次所载人偶的重量并逐次记录降落伞下落到地面所花费的时长，对照两组数据，你发现了什么呢？

你能试着做一个双层降落伞吗？使用起来的效果如何呢？

☆ 学习园地

你有观察过羽毛或者与之形状类似的物体（比如一片叶子或者一张纸）掉落的过程吗？它们下落时的速度是不是都要比石头之类的物体慢很多呢？这正是因为羽毛等物体表面积更大，产生的空气阻力更多，因此对下落速度的延缓效果更好。

想象一下，你挥动着手臂，将空气推开，缓缓游动于半空；接下来，你每只手上都安装了一大片纸板，把你的手和空气接触的表面积扩大了不少，也由此增加了你所受到的空气阻力，你游动的速度便慢了下来。降落伞的原理和我们刚举的两个例子都差不多，基本上都是通过改变物体表面积大小来控制物体所受阻力大小，从而最终达到控制物体降落速度的目的。

放手吧!

☆背后的科学——引力(地心引力),空气阻力

如果没有空气阻力的存在,将相同重量的一片羽毛和一颗石头同时从同一高度抛下,它们将会同时落到地面,原因很简单,因为只有引力作用于整个过程且两者所受引力大小相同。

我们今天要做的实验就将探索物体重量、形状及其下降速度之间的关系,需要用到的物品有:

☆ 两个小的空塑料水瓶
☆ 沙子、水或者米粒
☆ 电子秤
☆ 几张纸

首先,你需要确定塑料水瓶都是同样大小且瓶中干燥无物,再在两个瓶子里都装上一半的沙,然后扭紧盖子,将两个瓶子举到同样高度后同时松手。正常情况下,两个瓶子应该同时落到地面,因为作用于它们之上的引力大小相同。不过需要注意的是,尽管我们尝试把倒入的沙子都控制在相同数量,但在实验操作中难免会存在误差。接下来,就需要用电子秤分别称一称两个瓶子的实际重量,看看究竟是否相同。如果一个重一个轻,那两者之间的重量差是否有对最终落地的结果造成影响呢?

拿出两张纸,一张团成球形,另一张保持原样。然后同时从相同高度将两者抛下,你会发现,纸球先落地。这是因为与纸球相比,保持原样的纸张表面积更大,所受到的空气阻力更大,下降中的速度也就变得更慢。这和我们之前做的降落伞有类似的原理。

☆ 趣味拓展

如果你为两个水瓶都装上形状、尺寸相同的降落伞,你觉得它们依然会同时落地吗?为什么呢?

☆ 学习园地

如果在月球上同时从同一高度丢下相同重量的羽毛和石头,它们会在一样的时间落到月球表面。这是因为,与地球上不同,月球上并没有空气存在,羽毛和石头在下落时只受到引力的作用,而不会受到空气阻力的影响。

心随气球飘舞

☆ 背后的科学——引力（地心引力）

你曾经想过下面这个问题吗：为什么氦气球能飞上天空而其他普通气球却总会飘动一段时间后就掉下来呢？

物体能否漂浮其实和它们是否比周围的空气更轻有关。装有空气的普通气球虽然里面的空气和外面的空气都是一样的，但气球本身的重量就比空气更重了，从而会渐渐落下来。然而氦气球里的氦气密度比空气小，意味着相同体积的氦气比相同体积的空气要轻许多，即使加上气球本身的重量，整个气球也要比周围的空气轻，所以能一直漂浮在空中。

火箭依靠的是强大的推力，从而能克服地心引力的作用一飞冲天。然而氦气球飞上天空的原理与之不尽相同，尽管如此，我们还是能从中获得宝贵的启示。

实验开始前，请先准备好以下材料：

☆ 一卷细线
☆ 几个氦气球
☆ 小玩具（大小参照乐高玩偶小人）
☆ 可重复使用的泡沫双面贴
☆ 一把剪刀

用剪刀剪下一长段细线，将细线一端拴牢氦气球。需要注意的是，当松开的气球飘到屋顶天花板时，线的长度要足以方便你够到。没什么问题的话，就在细线下端拴上一个小玩具。如果小玩具落在地上，不能飘起来，就在上面拴上更多的气球，直到小玩具离开地面，升到空中。如果仅仅一个气球就把小玩具拉起来了，那就在玩具上多贴几条泡沫双面贴来增加重量，直到玩具重新落回地面。

☆ 趣味拓展

你能找到让小玩具悬停在空中的平衡点吗？让它不会随着引力作用下落，也不会随着气球提供的拉力作用上升，而是保持静止。这个时候，小玩具所受到的向上的拉力和向下的引力大小一致，方向相反。

☆ 学习园地

氦气是一种无色无味无臭的气体，也是宇宙中第二丰富的元素。由于氦气比空气轻且具有化学惰性，即不易与其他化学元素发生反应，较为安全，因而常常被用于填充气球或飞艇。

感受这热度

☆ **背后的科学——引力（地心引力），摩擦力，阻力**

　　重新进入地球大气层的这段时间是太空旅行中最危险的。随着飞船的高速降落，其表面与空气粒子之间产生剧烈的碰撞和摩擦，生成了巨大的摩擦力和空气阻力，并伴随着温度的迅速升高。因此飞船的返回舱外围都有着坚固的防热盾，保护其免受极端高温的破坏。

　　在这次实验活动中，我们将在相同水壶外围分别包上黑纸、白纸和铝箔纸，由此来了解3种材料的不同特性。

先一起来看看即将用到的材料吧：

☆ 三个罐子
☆ 一张黑纸
☆ 一张白纸
☆ 一张铝箔纸
☆ 一只温度计

　　在3个罐子里装上相同温度的等量凉水。然后在一个罐子外面铺上黑纸，一个铺上白纸，一个铺上铝箔纸。用温度计测出初始温度并记录下来。

　　把3个罐子搬到户外的阳光下，每隔5分钟测量一次罐中的水温。你会发现黑纸覆盖的罐子里的水温要比其他两个罐子里的高出许多。这是因为黑色极易吸收光线，而光能又可以转化为热能，即意味着更多热量能被吸收和传递到罐中，将水加热。而白色纸和铝箔纸却恰恰相反，会把大部分太阳光都反射回去，从而不利于将热量传导到罐中的水里。

☆ **趣味拓展**

　　下次你出门的时候，就要根据天气好好考虑下自己该穿什么颜色的衣服啦。你是想要保持凉爽还是需要保暖防寒呢？

☆ **学习园地**

　　你知道吗？有些颜色会比其他颜色吸收更多的光哦。深色物体之所以是深色的，就是因为它们吸收了更多的光线，而光能又能转化为热能。所以深色物体不仅能吸收光，还能散发热。你曾经有过在天气晴朗的时候穿着一件黑色T恤，结果感到非常闷热的经历吗？这个时候你应该换上一件白色T恤，因为白色能反射更多太阳光，吸收更少的热量，而深色却会吸收照射到其上的绝大多数光线，蓄积更多热量。

旅行第十二站
超级无敌太阳系

　　太阳系是一个以太阳为中心，所有受到太阳引力约束的天体集合体。太阳系中包含有八大行星（根据离太阳从近到远的顺序）：水星、金星、地球、火星、木星、土星、天王星、海王星。其中，水星、金星、地球和火星因为距离太阳较近，被称为"内行星"或是"类地行星"。在火星之外有一条小行星带，带外是四颗体量较大的外行星，囊括了环绕太阳99%的已知质量，亦多被称作"类木行星"。它们都有着厚厚的大气层，但气体构成却差异很大。木星是四者之中距离太阳最近的，但尽管如此，太阳上的光线也需要43分钟才能传递到木星表面，而到达地球仅需8分钟。作为距离太阳最远的行星——海王星，它和太阳之间相隔的距离是地球和太阳之间的30倍。地球围绕太阳旋转165次，海王星才刚好绕太阳公转一圈。

　　为了能让你更直观地理解太阳、类地行星和类木行星之间尺寸的差距，我们用地球的大小作为比较标准。太阳大约有130万个地球那么大，而土星则差不多有764个地球那么大。宇宙之浩瀚广阔，真是让人难以想象呀！

　　柯伊伯带是一条位于太阳系边缘的地带，由矮行星（包括冥王星、阋神星、谷神星等在内）、小行星、灰尘、陨石和冰霜组成。矮行星又称"侏儒行星"，其体积介于行星和小行星之间，比月球要小，围绕恒星运转。

　　强大的太阳引力将太阳系内的大大小小星球和纷繁多样的物质都拉拢在其周围，让它们都能在各自的轨道上安然运转，而不会在宇宙中随处飘荡。

阳光之下，阴影之中

☆背后的科学——光总是沿直线传播

太阳表面温度大概有 5600℃。然而太空很多地方都是非常非常寒冷的，温度大概在 -270℃左右。这是因为太空几乎接近真空，也就没有物质能留存热量。但是，太空中正对太阳的部分，温度又会变得非常非常高。以月球为例，如果你站在月球正对太阳的一面上，那你将经历极端的酷热，这是因为月球表面没有大气层的存在，太阳光线不经吸收就直接照射到了月球表面。

我们在这次活动中所需学习的重点就是：光总是沿直线传播的，但是根据其所接触到的材料不同，它会被吸收、反射，或者散射开来。当光线被什么东西挡住时，就产生了阴影。我们接下来就要做几个皮影戏偶来深入了解这一原理。

制作皮影戏偶需要用到的工具和材料有：

- ☆ 黑纸
- ☆ 描图纸
- ☆ 白纸
- ☆ 铅笔和橡皮
- ☆ 三根中等长度的小木棍
- ☆ 一把剪刀
- ☆ 足量双面胶
- ☆ 一支手电筒或者一个晴天

在 3 种纸上画出火箭的形状，再用剪刀将其逐一剪下。用双面胶把剪好的纸火箭分别粘到木棍上，我们皮影戏偶就做好啦。

如果天气晴好，我们可以直接把戏偶带到户外来上演一场皮影戏。将戏偶平行于地面拿着，阳光穿过，地上就能映出戏偶的影子。你可能会发现，3 个影子中最深的是黑色的火箭，这是因为黑色的纸吸收的光线最多，透过去的光线最少。而描图纸做成的火箭所投射下的影子最浅，这是因为描图纸是半透明的，能让一些光线透过去。在阴天，我们可以用手电筒来完成这个实验。将皮影戏偶举在白墙前，用手电筒从前面照，白墙上就会出现火箭的形状。

☆趣味拓展

你能再多做几种其他的皮影戏偶来创作一出皮影剧，邀请家人和朋友来观看吗？

☆学习园地

试着把做好的火箭戏偶举得离地面更近一些，你发现投下的影子有什么变化呢？是不是变得更小了？实验的时间也会影响影子的大小，当在正午做实验时，戏偶投下的影子也要更小，这是因为太阳当时位于一天中最高的位置。

静宿夜空下，遥望星河间

☆背后的科学——天文学

欣赏夜空之美并不需要用到多么高级的望远镜，只要在一个天气晴朗明澈的夜晚，你就能看到夜空中星星和星团，如果你特别幸运，甚至能看到流星。

让我们准备好下面的这些装备，走出家门，共同开启美妙的观星之旅吧！

☆ 便于野外活动的衣物
☆ 毛毯
☆ 驱蚊剂（自选）
☆ 双筒望远镜（自选）
☆ 手电筒（自选）
☆ 帐篷（自选）

如果想要更好地观赏星空，你首先需要挑一个晴朗无云的夜晚，并慎重选择野营的地点，最好能远离城市，没有空气污染和光污染的影响。

出行前要看好天气预报，穿着合适衣物并带上毛毯用以夜间防寒。这次的活动必须要有成人的陪同。如果想要在户外过夜，还需要带着帐篷、手电筒、驱蚊剂等物品。

选定好观测的地点，把身边的光源都关闭。一开始眼睛可能会不适应突如其来的黑暗，稍微闭上一段时间再睁开，就能调节过来。如果你对观星旅行有着特别的兴趣，

不妨和爸爸妈妈讨论下，把它当作一项定期的活动开展吧！你能准备一本日记本专门记录每次观星的情况吗？或者画一张观星地图，将每次看到的星星标记在上面吗？

☆ 趣味拓展

你能定位出多少星座呢？不妨先从最简单的猎户星座开始吧！它最明显的特征就是并列在一起，离得很近的 3 颗星星，代表着猎人腰间的皮带。仔细看看，你能找到吗？

网络上有很多和星座相关的材料，有些还能根据你所在的位置和时间告知你能看到的星座有哪些，非常实用。

不如叫上三五好友，在自己家中后院举办一次星光野营吧！你们白天可以一起做太阳能炉的实验，到晚上再聚到一起欣赏星空，比比看谁最厉害，认识的星座最多。

☆ 学习园地

天文学简单说来就是一门研究太空的学问，研究对象包括恒星、行星和星系等在内。

太阳系漫步

☆背后的科学——天体测量

太空的浩瀚无穷，令人难以想象。你知道吗，木星整整有 1300 个地球那么大，而太阳甚至有 130 万个地球那么大。我们当然不可能真正地漫步整个太阳系，但我们可以把太阳系按比例缩小，去户外来一场缩小版的太阳系旅行。

我们这次活动需要的东西很简单。

☆ 一支粉笔

☆ 一个卷尺

最开始，我们需要将原始距离换算到可操作的程度。最简单的办法就是使用一些固定的换算系数。

我们只需要把右侧各星球以 AU 为单位的数字乘以 100 cm，就能轻松得到我们需要步行的距离了。当然，你可能走到土星就想要停下了，之后的星球距离都比较远，需要的空间也更大，所以，你最好在室外进行这个实验。

用粉笔在地上画上太阳，用卷尺量出每次行走的距离，每当到达一个星球时，用粉笔在地上做下标记。坚持走完全程，太阳系便在你的脚下啦。

☆ 趣味拓展

上网搜索一下其他的换算系数吧，试试看不同的换算系数对最终得到的数值结果有什么影响吧。你还能像刚才那样轻松地从整个太阳系走过吗？

☆ 学习园地

宇宙里各星球或物体之间的距离实在是太远了，我们在地球上使用的这套度量系统并不能运用到天体测量上。换算系数表里的 1 AU 大约等于 1.5 亿千米！而我们的地球直径也只有 12800 千米左右。真是让人不可思议！

太阳系星球距离换算系数

水星 ☆ 0.4 AU

金星 ☆ 0.7 AU

地球 ☆ 1.0 AU

火星 ☆ 1.5 AU

小行星带 ☆ 2.8 AU

木星 ☆ 5.2 AU

土星 ☆ 9.6 AU

天王星 ☆ 19.2 AU

海王星 ☆ 30.0 AU

冥王星 ☆ 39.5 AU

牛顿摇篮、力学之源

✿背后的科学——能量守恒定律

牛顿摇篮，又被称作牛顿摆。虽然名字里包含"牛顿"二字，但它其实是由法国物理学家伊丹·马略特（Edme Mariotte）最早于1676年提出制作的。由于牛顿摇篮很好地演示了牛顿力学中的基本原理（如动量守恒、动能定理等），而小球碰撞后摆动的样子又很像婴儿的摇篮在摆动，所以大家给这个实验道具起了这样一个名字，是不是很生动形象呢？

当摆动第一个球时，它与第二个球相撞后停下，但却将其携带的动量传导给了第二个球。第二个球开始运动，并在接触第三个球后将动能传导过去，以此类推，直到最后一个球，你会发现它和第一个球摆动的幅度一样大，证明在整个传导过程中，动量的大小都是相同的。

听起来是不是很神奇呢？让我们准备好下面的材料，开始动手做一个自己的牛顿摇篮吧！

✿ 一个纸箱、木制框架或者几根木棍
✿ 热熔胶枪和配套胶水、强力胶或塑料胶
✿ 塑料线或棉线
✿ 五个同等大小的玻璃珠
✿ 一卷普通胶带
✿ 一把尺子

我们首先要把摇篮的架子搭好。你可以用木棍，木框或者纸箱来做。整个架子的长度大概是15 cm，高度大概是10 cm。如果你用的是木棍或者木框，就需要用热熔胶枪、强力胶或塑料胶把各部件粘牢到一起。为避免意外，请让一位成人来帮助你完成这步。如果你用纸箱来做，就只需要用剪刀将箱子的侧面、底部和顶部挖空，留下框架就可以了。

剪出10条等长的塑料线或棉线，长度和搭好的架子高度一致。麻烦身边的成人用热熔胶枪、强力胶或塑料胶把剪下来的线和弹珠粘牢到一起，每两根线连接一个弹珠，粘好后放到旁边晾干。

逐个将弹珠拴到之前做好的架子上。把弹珠的一条线拴在左上侧，另一条线拴在右上侧，整个构成三角形。控制好每个弹珠之间的距离，保证5个弹珠前后都刚好能接触到。最后，你需要调整好每个弹珠的悬挂高度，让它们都并列成一排，简易版的牛顿摆就完成了。

先轻轻拉起第一颗弹珠后再放开，它在回摆的过程中会碰撞到紧密排列的另外4个弹珠，最后一个弹珠将被弹出，并且仅有这个弹珠被弹出，中间的3个弹珠仍然保持静止不动。

✿ 趣味拓展

你能制作一个更大的牛顿摇篮吗？动手试试看吧。

✿ 学习园地

尽管在理论上，动量始终在5个弹珠之间传递，会让牛顿摇篮一直摆动下去。但实际生活中，受到诸如摩擦力等很多因素的影响，动能会转换成其他形式的能量，表现在牛顿摇篮的摆动幅度会逐渐减小，最终停止。

缤纷星球，浪漫宇宙

☆ 背后的科学——色谱分析法

色谱分析法是一种物理或物理化学分离或分析混合物的研究方法。你知道吗？虽然你平时用的彩色笔或墨水看起来只有一种颜色，但这一种颜色其实是由很多种不同颜色混合而成的。我们可以把墨水滴在滤纸上，就能把这些颜色分离出来。色谱分析法不仅是一种非常简便有效的科学研究方法，还是一种能帮助我们绘制出美丽图画的极佳艺术技巧。你是不是已经迫不及待了呢？那就快准备好下面这些材料，让不同的色彩相互混合，渲染，去创造出一颗颗奇幻瑰丽的星球吧！

☆ 彩色笔若干（耐水洗且不掉色）
☆ 圆形滤纸若干
☆ 一个防水托盘
☆ 一个滴管
☆ 清水
☆ 小夹子若干
☆ 一根细线

先考虑好你将要制作的星球需要用到哪些颜色。通常来说，火星看起来是红色的，木星则混合着黄色、红色、棕色和白色。

决定好你要制作的星球后，就用彩色笔在圆形滤纸上随意画出彩点，再放到托盘里。用滴管在每个彩点上滴几滴水，然后静置大约 5 分钟，等待颜色扩散开来。如果把滤纸在水里浸泡太久，上面的颜色最终都会被漂除，所以要注意时间。与此同时，把细线拴到两个临近物体上，将静置后的滤纸用夹子夹在线上晾干。多做几个不同颜色的星球吧，把它们挂到一起，我们就拥有了一个灿烂美丽的星系。

☆ 趣味拓展

你能用同样的办法做一个月亮吗？你会用到哪些颜色呢？邀请你的家人或小伙伴们来猜一猜你做的都是哪些星球吧！

☆ 学习园地

火星的英文名字"Mars"其实来源于罗马神话中的战神之名。之所以如此，是因为火星的颜色鲜红如血，让人联想到战争和暴力。

而木星英文名字"Jupiter"则来源于罗马神话中的众神之王，这是因为它是太阳系八大行星中体积最大的行星，就仿佛众行星的首领一般。如果你见到过木星的照片，你会知道，在木星表面有一个巨大的红色斑点，通常被叫做"木星大红斑"。它其实是木星上最大的风暴气旋，已经存在了数百年之久。

旋转不停的太阳系

☆ 背后的科学——太阳系，运动轨道

尽管太阳系已经大得让人难以想象，可它仅仅只是浩瀚宇宙中微不足道的一部分，还有无数未知等待我们去发现。让我们的视线重新回到太阳系。这个星系之中的所有星球都受到来自太阳的强大引力的影响而始终围绕着太阳运转，它们运转的路线就被称作运行轨道。每个行星自转一圈所花费的时间就是一天，而围绕太阳公转一圈所花费的时间就是一年。每个行星上一天和一年的时间长短都是不同的，这是因为它们各自的运转速度快慢和运行轨道长短都不同。

我们接下来要做的就是建造一个太阳系模型。用彩色卡纸剪出不同的行星，用黑色的卡纸条和胶带等做出不同长短的运动轨道。

- ☆ 彩色卡纸若干
- ☆ 长短不一的黑色卡纸条若干
- ☆ 足量双面胶
- ☆ 大头针若干

实验开始前，我们需要先想好把哪些行星归入到要制作的模型里。你有自信和勇气把所有太阳系的行星都做出来吗？让我们动手试试吧。根据每个行星的大小，将不同颜色的卡纸剪成大小不一的圆形。一般来说，离太阳近的行星要比离得远的行星小得多。还记得我们之前学过的知识吗，130 万个地球约等同于一个太阳的大小，而 764 个地球约等同于一个土星的大小。

首先剪出一个最大的圆形卡片做太阳。在卡片中央戳入大头针，再把大头针戳入黑色卡纸条一端。在纸条另一端用双面胶把做好的水星粘上去。做好后的水星应该能围绕着太阳移动。依次把其他行星按照离太阳的距离和位置固定好，我们的模型就完成了。

☆ 趣味拓展

你能把整个模型做得更完整精致吗？比如在地球旁边加上围绕它旋转的卫星月球？其他行星也有各自的卫星，木星的卫星太多，可能不便于在模型中展示出来，但你可以试一试添加火星的两颗卫星。火卫一要比火卫二更大，其运行轨道也要更贴近火星。

☆ 学习园地

太阳系中的所有行星和物体之所以能在各自的轨道上围绕着太阳有序运转，而不会四处随意移动，正是因为受到太阳引力的强大影响，被拉拢在其周围。

遥望苍穹，星群璀璨

☆ 背后的科学——星座

当我们在晴朗的夜晚仰望天空时，便会看到漫天繁星，散落在黑暗之中，熠熠发光。它们其中的一些仿佛能构成不同的图案，惹人遐想。渐渐地，人们便给这些能够组成图案的星群冠上了名字，赋予了它们这样或那样的含义和故事。长久以往，这些星群最终演变成了我们今天所说的"星座"。比如说，大熊星座就是由 7 颗位于北方天空的最亮的星星所组成。当我们把这 7 颗星星连起来看时，组成的图案有点像一把勺子或者中国古代舀酒的斗，因此在英文中，这 7 颗星又被称为"Big Dipper"，意思是"大长柄勺"，而在中文中它们常被叫做"北斗七星"，意即北方天空组成斗形的 7 颗星。

我们接下来就要自己动手，把天上的星座在纸上重现。这个有趣的实验会用到哪些材料呢，一起来看看吧。

☆ 亮片胶水或者星星贴纸
☆ 黑色卡纸
☆ 银色的彩色笔或记号笔

开始制作前，你需要先决定好想要展现哪个星座，它的特征是什么。刚提到的北斗七星或大熊座，还有仙王座，大犬座等星座的形状都非常好看，且比较容易，可以先从这些星座入手。

用亮片胶水或者星星贴纸把星座中每颗星星的位置在黑色卡纸上标示出来，然后用银色的记号笔或者彩色笔把每颗星星相互连接起来，一个星座图就完成了。

多做几张星座图，把它们混合到一起。邀请你的朋友们来猜猜每张图上画的都是哪个星座吧！谁会是你们之中认识最多星座的小小天文学家呢？

☆ 趣味拓展

让我们来做一个星座对对碰的小游戏吧！在一张卡纸上按刚才的步骤画出星座的形状，在另一张卡纸上粘上打印出来的星座的实际图片。把做好的卡片都翻到反面后混合到一起，邀请几个朋友和你一起轮流抽取卡片，当抽到两张相同星座的卡片时你们能否将它们成功配对呢？试试看吧！

☆ 学习园地

星座由一群星星组成，其图案可以代表不同的物品、动物、植物和神话角色。一年之中，人们能看到的星座都是在不断变化的。生活在不同半球的人们在同一时间看到的星座也不相同。这是因为地球在围绕着太阳不停运转所造成的。

向宇宙未知处进发

　　航天探测器是一种穿梭在宇宙之中，四处搜集信息并将其传回地球的航天器。它可以被发射进太空中按既定轨道围绕星球运行，也可以在星球上着陆进行调研。航天探测器多用于探索较为偏远且危险的区域，因此，上面通常不会载有航天员；工程师们最初在设计时也不会考虑要让它重返地球。

　　太空探测器需要前往和着陆的区域通常都有着十分恶劣的环境，因此它所使用的材料和结构都必须要能经受住极度的高温或严寒。你能找到办法吗？试试看下面这些东西能不能帮你找到答案。

　　☆ 绝缘材料（脱脂棉或气泡纸）
　　☆ 可反射光和热的材料（如铝箔纸）
　　☆ 两个相同的硬纸箱
　　☆ 四根卷纸芯
　　☆ 足量胶带
　　☆ 两份等量冰块
　　☆ 秒表或定时器

　　在开始之前，先回想下我们之前做过的实验，用的材料中有哪些可以吸收热量，又有哪些可以反射热量呢？需要记住的是，深色的材料会吸收光线，而光能又能转换为热能，相反，白色或浅色的材料可以反射光线，吸收的光线和热量也就更少。你是不是得到了些许启发呢？快试试看你能不能用身边易得的一些绝缘材料和热反射材料打造一艘太空探测器吧！

　　先用胶带把脱脂棉或气泡纸粘在一个硬纸箱外面。再把铝箔纸粘到最外层。最后将4根卷纸芯粘牢在纸箱底部四角。我们的太空探测器就完成啦！

　　把做好的探测器和另一个纸箱放到太阳下，分别在里面放上一份冰块，然后关好纸箱。5分钟之后，打开两个纸箱，你会发现放在探测器里的冰块没有融化多少，但放在纸箱里的融化得就比较厉害。这意味着探测器内部的温度没有受到外界的太大影响，能够经受较为剧烈的温度变化。

　　太空探测器上通常会装备有太阳能板，用于吸收和转化太阳能发电；同时还会安装推进器模块和通信天线。你能把这些设备添加到自己的探测器上面吗？如果你能在太空中任意地方发射自己的太空探测器，你会选择在哪里呢？为什么呢？

☆ 趣味拓展

　　大胆想象一下，从太空探测器上拍到的火星照片会是什么样子的呢？你能在纸上画出来吗？你的想象和实际上的火星图像相比有哪些相似和不同的地方呢？

迷幻的星系旋涡

✿背后的科学——引力，星系

星系是一个由无数恒星、气体、尘埃、宇宙物质等组成的，并且受到引力束缚的庞大系统。我们所处的太阳系是一个更大的旋涡星系——银河系的一部分。与银河系距离最近的星系是仙女座星系，也是呈现旋涡结构。但并非所有星系都是这样的。透镜状星系，顾名思义，就像一个凸面镜一样，总体是平的，中间有个凸起。而椭圆星系则呈现出近圆形。还有很多星系形状各异，没有明显的核和旋臂，没有盘状对称结构或者看不出有旋转对称性，于是被归为不规则星系。

你知道吗？用沙拉搅拌器就能制作出有趣的星系图啦！快找齐下面这些材料和工具，开始我们有趣的星系之旅吧！

✿ 几张黑色卡纸
✿ 烹饪时不会再用到的旧沙拉搅拌器
✿ 不同颜色的颜料
✿ 各式各色的亮片
✿ 一把剪刀

把黑色卡纸都剪成刚好能放进沙拉搅拌器里的形状和大小。考虑好你要把自己的星系做成什么颜色的，挑出要用的颜料，把它们挤到搅拌器里，再洒入一些你喜欢的亮片。

盖严搅拌器，充分摇动约30秒后打开盖子，查看下里面的卡纸是否已经染上颜色，变成了你想要的样子。如果你觉得还不够，可以关上盖子，再多摇动一会儿，直到得到你想要的星系图案。尝试一下用不同的速度来摇动搅拌器，制作出来的星系图有什么不同呢？你更喜欢哪种呢？

你觉得自己做出来的星系图和真正的星系照片相似吗？有什么可以改进的地方吗？

✿ 趣味拓展

你能在自己制作出来的星系图上标出几个星座吗？

行星蹦蹦跳

☆背后的科学——不同的力，引力，航迹

我们接下来要做的实验生动展示了物体运动总是由力的作用引起的规律。当你拉动弹射器的气球部分再松开，拉力在这个过程中转换为弹力并通过气球传递到乒乓球或小绒球上，推动它们冲出弹射器，划过天空。你可以试着把气球拉远些，再拉远些，看一看力的增加对小球的飞行会产生什么样的影响。

这次的游戏听起来是不是很有趣呢？那就快准备好下面的东西开始愉快玩耍吧！。

- ☆ 几个乒乓球或者小绒球
- ☆ 记号笔，彩色笔或者颜料
- ☆ 一把剪刀
- ☆ 一个一次性纸杯或塑料杯
- ☆ 一个气球
- ☆ 足量双面胶
- ☆ 一卷透明胶带

先用记号笔、彩色笔或者颜料把乒乓球或小绒球装饰成行星的样子。然后开始制作行星弹射器。用剪刀把纸杯或塑料杯的杯底和气球的上半部分剪掉。留下带有吹气嘴的下半段气球，在其截面内部一圈粘上双面胶，再小心地把它套到杯子后部，轻轻按压气球边缘，把它和杯身粘牢。最好在气球边缘处再粘一圈透明胶带做固定，我们的弹射器就完成啦，是不是很简单呢。

把一个装饰好的乒乓球或小绒球塞进弹射器中，拉动后面的气球，"咻"的一下，行星就飞了出去。试试看，从不同角度发射，行星的航迹有什么不同呢？多加几个行星进去，会有什么不同呢？用不同大小的力量拉动气球，对行星的发射和航迹有什么不同影响呢？你能详细记录每次的航行情况吗？

☆ 趣味拓展

如果使用更轻，更小的球，它们能飞得更远吗？动手试试看吧！

☆ 学习园地

如果你把气球拉得更远再松手，相应地，行星也会被弹射到更远的地方，这正是因为作用在其上的推力变得更大了。

地球表面的世界

☆ 背后的科学——地球大气层

地球之上覆盖着厚厚的一层气体混合物，其主要成分是氮气和氧气，我们称之为"大气层"。它能保护地球免受太空辐射的威胁，并吸收来自太阳的大部分热量，保证地球的气温能维持相对稳定。如果不是大气层的存在为我们提供了坚实的屏障，地球上包括人类在内的很多生物都将难以存活。

大气层通常被大致划分为五层。其中，对流层是最主要的组成部分，也是最接近地球的一层，包含着我们人类及其他动植物生存所需的绝大部分氧气。天气的形成也发生在这一层。对流层之上由低到高依次是平流层、中间层、热层和散逸层。散逸层之外就逐渐延伸到了太空。

只需要下面这些材料和工具，我们就能轻松地做出一个大气层模型，心动了吗？快行动起来吧！

- ☆ 蜂蜜
- ☆ 玉米糖浆
- ☆ 洗洁精
- ☆ 清水
- ☆ 植物油
- ☆ 一个透明的玻璃杯或玻璃罐
- ☆ 便签条
- ☆ 一支签字笔
- ☆ 一把尺子

首先，你需要根据附表中的大气层各层高度比例和你所用容器的高度来折算好各物质所需倒入的数量；其次，按照材料单上的顺序逐一把列出的物质倒入玻璃杯或玻璃罐中。由于各液体之间的密度大小不同，它们不会混合到一起，而是产生分层。请记住，在倒的时候速度要慢，尽量小心。下面的这些小技巧能帮助你得到一个漂亮清晰的大气层分层模型。在倾倒黏度大的液体，比如植物油、蜂蜜和玉米糖浆时，切记不要让它们碰到容器壁，否则会黏附在上面，让最后的作品看起来一团糟。然而，在倾倒黏度小的液体，如清水时，最好能沿着容器壁，这样能避免破坏底层的液体。

你能先把附表中的前三层完成，然后用便签条标出它们的名称、模型高度和对应的实际高度吗？换算标准可能需要根据你所用容器的高度做出适当调整，但你可以先试一试按照 1 mm：1000 km 的比例进行换算。

☆ 趣味拓展

你能分别找出可以漂浮在各层液体上的东西吗？把它们放进去试试看吧！

☆ 学习园地

每种液体都是由质量不同的分子构成的，而在同等大小的体积内又包含着不同数量的分子，这两方面因素决定着不同液体的密度大小也都各不相同。同等体积下，密度越大的液体也就越沉。当我们把不同密度的液体倒在同一容器中时，它们不会相互融合，密度最大的液体沉在底部，而最小的浮在顶层。

地球大气分层具体信息表

对流层 ☆	8 — 14.5 千米
平流层 ☆	14.5 — 50 千米
中间层 ☆	50 — 85 千米
热层 ☆	85 — 600 千米
散逸层 ☆	600 — 1000 千米

月球车升级大改造

☆背后的科学——牛顿第三运动定律

　　月球表面的地形变幻多端，有些区域崎岖坎坷，遍布火山坑，有些区域坡度极陡，峭壁嶙峋，有些区域又平坦开阔，路况较好。因此，月球车必须要能适应各种极端的行驶环境，才能保证顺利安全地完成研究任务。

　　在之前的几站旅行中，我们做过好几次有关月球车的实验。但这次我们将要做一种升级版的月球车。它是通过气球来提供动力的。当气流从气球中喷出时，产生的反作用力作用于月球车上，推动其向前行驶，这再一次生动体现了牛顿第三运动定律。

　　来看看我们这次升级大改造将要用到的材料和工具吧！

☆ 三根吸管　　　　☆ 两根车轴
☆ 四个大小相同的瓶盖或小 CD（用作车轮）
☆ 一个塑料水瓶／瓦楞纸箱／一张硬卡纸（用作车身）
☆ 足量透明胶带　　☆ 橡皮筋若干
☆ 一个气球　　　　☆ 彩色卡纸（自选）
☆ 一把剪刀

　　我们需要先构思好自己的月球车是什么样的。它至少需要有车轴，车轮、底盘和车身。先把两根吸管都剪到大概比车轴短 15 mm 左右的长度，再分别把一根吸管套到一根车轴外面，最后把车轮安装到车轴两端。在桌面上滚动一下试试，车轴应该要能在吸管中自如转动，这样车轮才能顺滑运行。

　　接下来我们开始制作底盘和车身。如果用的是塑料水瓶，你直接把水瓶用胶带和吸管固定好就可以了。如果用的是瓦楞纸箱或硬卡纸，我们需要选用宽度比车轴短的纸箱或卡纸板，然后用胶带将其与吸管固定到一起。如果找不到合适大小的纸箱或卡纸板，则需要剪短到合适宽度后，再用胶带把车身和吸管安装到一起。

　　月球车到此就基本成型了。接下来我们要开始制作月球车的驱动装置。先把气球套在吸管一端，用橡皮筋把气球吹气嘴和吸管扎紧。把吸管用透明胶带粘牢在车身上方，我们的月球车就大功告成了。

　　把月球车放到地板上，从吸管一端向气球中吹气，待气球鼓起到一定程度后停止。气球中的空气会迅速从吸管中逸出，产生的反作用力将作用于月球车推动其向前驶去。如果小车没有动，那可能是气球提供的动力不足或车体过重。可以试着把气球吹得更鼓一些，换用一个更大的气球，或者对车身进行微调，减轻其重量。

　　当然，真正的月球车是不可能用气球来提供动力的，你能想到在实际应用中有哪些能驱动月球车的可行办法吗？利用太阳能会是个好主意吗？约上小伙伴们讨论一下吧，你们能想到多少种办法呢？

☆ 趣味拓展

　　想一想，除了刚才实验中提到的组成部分，一台月球车还需要装载有哪些设备呢？可能需要一个挖掘铲，用来收集样本？可能需要有专门为宇航员而设的座椅？月球车的轮子是不是也要加强，让其变得更耐用呢？不妨将需要增添的设备一一列出吧。

　　你能对车轮进行一些改造和升级，从而帮助月球车在冰面上安全行驶而不滑动吗？

☆ 学习园地

　　当你吹起一个气球又把它松开时，气球会迅速窜出，在空中到处乱飞。这是因为气球中的空气以极快的速度散逸出来，产生的反作用力推动着气球不断运动，直到气球中的空气散尽。

　　你或许会问，那为什么当我们松开气球时，空气总是由内而外运动，而非由外而内呢？这就涉及气压的相关知识了，气体总是从气压高的地方向气压低的地方流动。当我们向一个气球中吹气时，我们其实在增大气球内部的气压，这就是为什么气球会向外鼓起。如果我们不把吹气嘴封死，气球内部的气体就会向气压低的外部流动，产生的反作用力就形成了推动气球运动的推力。

闪闪星光罐里的小巧思

☆ 背后的科学——密度

太阳是太阳系中最大也是最闪亮的星体，但在宇宙中，太阳只是一颗普通大小，中等亮度的恒星。在宇宙中能自身发光和热的天体叫做恒星，其起源于巨型星云中，即星际空间的气体和尘埃结合而成的云雾状天体中。一颗恒星一旦形成，通常能燃烧几十亿年，后逐渐坍缩成一种特殊的星体——白矮星。白矮星是演化到末期的恒星，由于其表面颜色多呈白色，体积较小，因此得名。但并非所有恒星最终都会变成白矮星。某些体量巨大的恒星会在演化接近末期时经历一种被称为"超新星爆发"的剧烈核聚变。这种爆炸都极其明亮，过程中所突发的电磁辐射经常能够照亮其所在的整个星系，并可持续几周至几个月才会逐渐衰减变为不可见，爆炸后的恒星可能会变为黑洞或中子星。黑洞并不是一个洞，而是一个质量很大，引力极强的天体。中子星则是一种体积很小，但密度极大的星体。

我们即将要做的实验就和不同液体的密度有关。来看看需要些什么东西吧。

☆ 一个带有盖子的广口塑料瓶或塑料罐
☆ 植物油
☆ 清水
☆ 可食用色素
☆ 亮片
☆ 滴管

我们能从这次要做的实验中学到许多关于密度的知识。当把植物油和清水一起倒入瓶子里时，你觉得会发生什么呢？盖紧盖子摇晃下瓶子，会发生什么呢？这两种物质会混合到一起吗？动手试试看吧。

实验过后，你会发现，油和水完全不能混合，即使用力摇动瓶子也没用，稍微静置一会儿，两者就会分层，油在上，水在下。这种现象的发生首先是因为两者密度大小不同，油的密度比水的密度小，所以浮在上面；其次，水分子是一种极性分子，拥有极性键，分为正极和负极。一个水分子的正极连接着另一个水分子的负极，以此类推，就构成了水这种物质。而油是一种非极性物质，意味着它的分子没有正极或负极，也就不可能能和水分子相连结了，这就是两种物质无法混合的真正原因。

我们刚提到，油浮在水面上是因为它比水的密度小。你能想到比水密度大的液体吗？试试看糖浆或者蜂蜜，当把它们倒进水里时，它们会沉到水下还是浮在上面呢？

最后，我们可以在瓶子里撒上一些亮片，然后用滴管吸取可使用色素伸入清水那一层，把水染成自己想要的颜色，一个闪闪发光的星空瓶就完成啦。

☆ 趣味拓展

如果我们在瓶子里加上一颗维他命泡腾片，你觉得会有什么样的现象发生呢？

☆ 学习园地

简单来讲，密度指的是在单位空间大小中所含物质的多少。想象一下，当我们有一个空抽屉，里面什么都没有，这个时候密度为零。我们在里面放上5件同样的T恤，这个时候密度就增加了；而当我们再往里面放入另外5件同样的T恤时，密度又变大了。这是因为，抽屉的大小没变，但里面的衣服数量却增加了，因此密度也就变大了。类比过来，当体积不变，里面所含的物质更多时，密度也就更大。

到地球里面去看看吧！

☆ **背后的科学——地球的圈层结构**

你知道吗？地球中心（即内核）是一个巨大的，极为炙热的金属固体球状物。它主要由铁元素构成，密度极大且非常坚硬。虽然内核温度很高，可依然保持固态，这是因为其受到外部圈层的巨大压力挤压所致。

覆盖在内核之上的外核由一层液状金属构成，地球磁场就是在这一层中形成的。

外核之上是下地幔，它主要是由岩石构成。下地幔的温度也非常高，在这样的高温之下，岩石也会熔化。但和地球内核的情况类似，由于所受压力巨大，下地幔层的岩石依然保持固态。

上地幔层则既包含固态岩石也包含液态岩石。越接近地壳，温度越低，岩石也就逐渐由液态转化为固态。

地壳是指位于顶端，厚度最薄的那个圈层。大陆地壳指的是陆地上的部分，而海洋地壳则是位于海洋下的部分。

地表下的世界是不是比你想的要复杂呢？让我们做一个简易的地球圈层模型来加深理解吧！

☆ 五种不同颜色的橡皮泥
☆ 一颗鹅卵石或一个乒乓球
☆ 一把水果刀

我们将鹅卵石或者乒乓球作为地球的内核，将五种不同颜色的橡皮泥依次覆盖在上面形成不同的地球圈层结构。具体操作是先把橡皮泥压扁，然后裹在鹅卵石或乒乓球外面搓圆，依次类推。

全部橡皮泥层都粘好后，麻烦身边的成人用水果刀在模型上开一个锥形的口，让每层结构都能清晰展露出来。问一问小伙伴，他们都能认出多少层呢？

☆ **趣味拓展**

你能查找下其他几个内行星的圈层结构，按照上面提到的办法，把他们的模型也做出来吗？

向水星进发！

☆ 背后的科学——磁学

　　水星是距离太阳最近的行星，也是太阳系内最小的行星。尽管离太阳很近，但由于水星运转的速度非常缓慢，其背离太阳的一面仍然格外寒冷。此外，水星缺少大气层的保护，直接暴露在宇宙辐射中，表面的水分和热量都很难保持，生态环境极为恶劣，人类很难在上面生存。

　　与地球相类似，水星上也存在着磁场，但其磁力要比地球上的弱很多。这次的实验中，我们将利用以下材料，一探水星磁场的究竟。

　　　　☆ 十个方形小羊毛毡片
　　　　☆ 两个强力磁铁

　　磁铁之间可以相互吸引，也可以吸引金属铁或含有铁元素的金属。他们之间相互吸引的间隔区域被称为磁场。我们可以通过查看两个磁铁中间最多能放入多少物体来检测它们之间的磁场有多强。

　　先在两个磁铁中间放上一块羊毛毡片，它们依然能吸附到一起。继续往里面逐一添加羊毛毡片，直到两块磁铁无法吸附到一起为止。通过这个简单的实验，我们就能得出磁场的大致范围。

☆ 趣味拓展

　　水星表面也是遍布坑洼，崎岖坎坷。不妨试试在地面撒上一层细沙，将不同大小的球依次从几个不同高度抛下，看看每次砸出的坑洼形状和大小有什么不同吧！

驶入火星领域

☆背后的科学——火星

　　火星拥有两颗小小的卫星，分别是火卫一和火卫二。两颗卫星的形状都奇特迥异、很不规则，看起来不像是卫星，却更像是小行星。其中，火卫一距离火星更近，形状看起来像个马铃薯，表面颜色极深且坑洼不平。

　　接下来我们要用到下面的材料来制作一套火星系统模型。

　　☆红色、灰色和黑色的橡皮泥

　　我们可以直接用买来的橡皮泥，也可以根据之前在"太空供电局"中提供的配方自制橡皮泥。

　　用红色橡皮泥做火星，黑色橡皮泥做火卫一，灰色橡皮泥做火卫二。制作模型的时候需要特别注意各天体的形状和大小关系。其中火星是最大的，且要比两颗卫星大得多；而两颗卫星中，火卫一稍大，其质量大概是火卫二的5倍。

☆趣味拓展

　　如果你即将开始一场火星之旅，你能列出自己会需要用到的所有物品吗？需要记住的是，火星的大气层极为稀薄，而且大部分由二氧化碳构成；那里的气候也十分寒冷。所以，千万不要忘记带上氧气和厚厚的保暖衣物呀！

☆学习园地

　　火星是内行星中唯一的一颗拥有一个以上卫星的行星。之前我们曾提到过，英文中火星的名字"Mars"来源于古罗马神话中战神的名字，即希腊神话中的"Ares"。与战神之名相对应的，火卫一在英文里被称为"Phobos"（意思为"恐怖"），起源于战神长子的名字；而火卫二被叫做"Deimos"（意思为"恐惧"），是战神次子的名字。

天界怒火——奥林匹斯山

☆ 背后的科学——火山

火星是距离太阳第四近的行星，也是太阳系中第二小的行星。从地球上看，火星是一个小小的红色圆盘。但你知道吗？就在这个小圆盘之上，却存在着整个太阳系中最大的火山——奥林匹斯山！我们都知道，珠穆朗玛峰是地球上的最高峰，但和奥林匹斯山相比，却无疑是小巫见大巫。奥林匹斯山的高度将近有3座珠穆朗玛峰叠加起来那么高！是不是非常惊人呢。

奥林匹斯山是一座火山，但已经有数百万年没有喷发了。尽管如此，我们可以用下面这些在家里就能找到的材料，简单地模拟下奥林匹斯山喷发时的情形。

- ☆ 小的空容器（如空水瓶）
- ☆ 沙土和小石子
- ☆ 约8.5 g的小苏打粉（即碳酸氢钠粉）
- ☆ 约4.3 ml的洗洁精
- ☆ 红色和黄色的可食用色素
- ☆ 约30 ml的食醋
- ☆ 塑料薄膜（自选）

我们这次的实验需要在户外进行。将空水瓶放到地面上，在其外部垒砌沙土和石子。奥林匹斯山是一座火山，主要是由每次喷射而出的熔岩在流淌过程中缓缓冷却而形成的，因此，它的形状整体上显得扁扁平平的。我们在堆砌火山的时候就要注意模仿奥林匹斯山的形状，坡度要缓，最好在其外缘修筑起悬崖峭壁，让两者之间更为相似。

如果你想让自己的火山能喷发得久一些，但又不至于让沙石变得湿漉漉的，难以收拾，你可以试试看，在建好的火山表面覆盖上塑料薄膜。接下来，我们要开始让火山

喷发啦！先在瓶子里加上小苏打粉，再滴入洗洁精和可食用色素，最后倒进食醋。随着小苏打粉与食醋之间化学反应的发生，"岩浆"将缓缓从火山口涌出。如果你想让岩浆流动得更快些，可以多加入一些洗洁精和食醋，或者用一根筷子伸进去搅拌下，这样能让反应物之间充分接触，反应得更迅速。

☆ 趣味拓展

奥林匹斯山山顶有好几个坍塌的火山口，分布在大约80 km长的范围内。试着把你的火山顶部弄得平坦些，仔细看看岩浆在上面是怎样流动的吧。

☆ 学习园地

食醋是一种酸，而小苏打粉是一种碱。当它们接触时，就会发生酸碱中和反应，生成二氧化碳气体，表现为出现大量的气泡。这些气泡会让洗洁精起泡沫并逐渐溢出，再加上可食用色素的颜色，就模拟了岩浆流动的样子。

鲜红如血，战神之星

✿背后的科学——化学反应

火星表面大部分都是炙热多尘的石滩或沙漠，其上分布着峡谷、坑洼、平原和火山。当我们在看火星的照片时，会发现地面都是红色的，这是因为其土壤中富含的铁元素氧化生锈而成。

我们这次的实验就要来调查，在什么样的条件下金属会生锈。适合用来测验的金属有铁或者钢，两者都会生锈。而这次的实验不适合使用铝，这是因为铝表面与空气接触后会形成一层氧化铝薄膜，能防止其生锈。

- ✿ 光亮且未镀锌的铁钉若干
- ✿ 玻璃试管或小容器若干
- ✿ 铁质回形针若干
- ✿ 表面包裹有塑料层的铁质回形针若干
- ✿ 清水
- ✿ 植物油
- ✿ 便签纸和笔

你可以用很多种不同的办法来设计这次的实验，但首先让我们完成以下的测试样例：

铁钉暴露在空气中

铁钉完全浸在水中

铁钉一半在水中一半暴露在空气中

铁钉完全浸在水中且水面漂浮着一层植物油（用于隔绝空气）

在试管或者小容器上用便签标明测试条件，然后在里面各放上一颗铁钉，按照样例要求倒入清水和植物油。静置几天后逐一记录下各试管或容器中的变化，例如里面的铁钉是否开始生锈了，以及生锈程度如何等。

除了用铁钉，你也可以试着用铁质回形针或者带塑料层的铁质回形针做替换，看看有什么不同。

✿ 趣味拓展

如果你想多尝试几种测试条件，不妨考虑一下在清水中加上一点盐。当对比盐水和清水的实验组时，你会发现加了盐的一组会更快开始生锈，这意味着盐分会加速金属生锈的进程。

✿ 学习园地

当铁接触到水和氧气时就会开始生锈。我们所说的铁锈其实是铁和氧气反应生成的铁氧化物。金属生锈很好地向我们展现了什么是不可逆化学反应，即反应带来的变化是永久的，不可逆转的。

给土星好好洗个澡吧！

☆背后的科学——密度，浮力

土星是太阳系中第二大的行星，但是它的密度却比水的要小。这意味着如果有一个足够大的浴缸和足够多的水，当我们把土星放进去洗澡时，它会漂浮在水面上。你能想象这个场景吗，一颗巨大的星球漂浮在一个更大的浴缸里！也太有趣了吧！

当我们说某个东西具有浮性，这意味它能够漂浮在水里。接下来的活动中，我们就将用到一个能浮起的球和一个会沉下的球来探索密度与浮力。简而言之，一个物体能否浮起的关键在于其密度是否小于水的密度。

- ☆ 用来测试的不同球
- ☆ 一个浴缸或浴盆
- ☆ 清水
- ☆ 气泡纸
- ☆ 一块毛巾

把浴缸或浴盆灌满水，然后将你能找到的球都放入浴缸或浴盆中。至少找出一个能浮在水面的球和一个沉入水里的球用来做测试。

把沉入水里的球取出用毛巾擦干，在外面包裹上一层气泡纸后再放进水里。球浮起来了吗？如果没有，将它取出来擦干，再裹上一层气泡纸放进水里。如果球仍然没有漂浮起来就继续上述步骤，直到它浮在水面上。

☆ 趣味拓展

柠檬的密度比水小，所以可以漂浮在水面上。你能想到让柠檬沉入水里的办法吗？

叮！给你一个小提示，不妨试试将柠檬皮削去。仔细看看，你会发现柠檬皮的结构与气泡纸有点儿类似，也充满了小小的气泡。正是这层皮的存在减小了整个柠檬的密度，让它能漂浮在水面上。仔细想想，你还能想到其他哪些有同样皮的水果吗？

☆ 学习园地

为什么给球裹上气泡纸明明增加了它的重量，却能让原本沉入水中的球浮在水面上呢？这是因为与气泡纸所增加的一点点重量相比，它所带来的体积变化对浮力大小的改变更为重要。裹上气泡纸的球变得更大，意味着它排去的水也更多，所受到的浮力也就更大。从另一个角度上讲，气泡纸上有很多气窝，这决定了它的密度很小。当我们把气泡纸裹在球上时，球的平均密度就会下降，当降到小于水的密度时，球就会浮起来了。

金星上涌动不止的岩浆

☆背后的科学——黏度

太阳系中表面温度最高的行星是金星，这是因为它的大气层密度极高，能困住很多热量。此外，金星上还存在着无数火山，因而其表面的大部分地区都被滚烫的岩浆所覆盖。你知道吗，在金星上矗立着许多形状怪异奇特的地形结构，它们都是由固化后的岩浆所形成的。

一种岩浆能流动多远和多快取决于它的黏度。高黏度的岩浆流动得很慢，覆盖的范围也小，而低黏度的岩浆流动得更快，能覆盖的范围也就更大。

我们这次就要测一测不同液体的黏度大小。你觉得，清水和蜂蜜，哪个会流得更快呢？为什么呢？

☆ 一个坡道（可以用砧板、小白板或者硬纸板来做）
☆ 用来支撑坡道的箱子或者书
☆ 笔和纸
☆ 一把直尺
☆ 用来测试的液体材料（番茄酱、蜂蜜、糖浆、清水和巧克力酱）
☆ 小容器若干
☆ 计时器或秒表

在进行这次竞赛的过程中，你可能难免会碰到一些黏糊糊的东西。所以，除了上面提到的物品，你最好能再准备一盆温水和一块毛巾，用来擦手。

首先，将坡道倚靠在一个箱子或一摞书上面——考虑好你想要的坡度大小，液体在上面流动时的速度应当适中，不会太慢也不会过快。要注意，坡度确定好后就不能再随意改动，所有液体的测试都需要在相同坡度下进行。

在坡道上用直尺和笔画出起点线和终点线；你需要记录下每种液体从起点线流到终点线所花费的时长。你觉得哪种液体花的时间最短，流的最快，也就是黏度最小呢？你为什么会这样觉得呢？

动手验证下你的猜想是否正确吧！在每个容器里倒入同等数量的液体准备测试。如果你身边有足够的帮手，你们可以将测试材料从起点线同时倒下，得到更直观的感受。如果没有那么多人，你也可以将它们一个一个地单独进行测试。

哪种液体黏度最大，哪种黏度又最小呢？实验结果和你之前的猜测一致吗？

☆ 趣味拓展

你有什么办法能让原本黏度大的液体变得不那么黏稠吗？想想看你能在里面加上什么东西让它流动起来更容易呢？

☆ 学习园地

黏度是一种用于衡量液体对流动所表现出的阻力大小的指标。越浓稠的液体，它的黏度就越高，同样地，它的内部摩擦力也越大，这将大大延缓它在流动时的速度。最后我们还需要知道的是，岩浆的黏度大小取决于它的温度高低和化学成分。

风暴魔域——木星

✿ 背后的科学——天气

　　木星是一颗庞大的气体行星，主要由氢气和氦气构成。你知道吗，它是太阳系中最大的一颗行星，其他所有行星加到一起，也没有它那么大。这也是它在英文里被冠以罗马神话中众神之王"Jupiter"之名的原因。

　　如果你曾看过木星的图片，你多半会注意到上面的大红斑。实际上，那是一个直径约 4 万千米的巨型风暴。

　　虽然不能亲眼目睹木星风暴，但是我们能用下面的这些材料制作一个风暴模型。

✿ 一个带盖子的空罐子或空瓶子
✿ 清水
✿ 洗洁精
✿ 亮片

　　尽管这个模型做起来非常简单，却很生动直观。你只需要朝罐子或瓶子里加入八九成的清水，再倒进一些洗洁精，最后撒上少量亮片即可。把盖子牢牢盖紧，然后将罐子或瓶子固定地朝逆时针或顺时针方向晃动几秒后停止，你会看到里面出现了一场风暴！当它快要平息时，你可以再按照之前的方向晃动几秒，风暴就会继续了，这实在是太有趣啦！

✿ 趣味拓展

　　你能找到一个可以随着风暴一起旋转的小而轻的物体吗？动手试试看吧！

✿ 学习园地

　　当罐子或瓶子在旋动时，里面的液体也会跟着一起进行圆周运动，形成漩涡，看起来和龙卷风有点像。

进入狂风肆虐的海王星

✩ 背后的科学——风向，天气

　　海王星是一颗幽深寒冷的行星，上面狂风大作，最快风速能达到大约2414千米/小时，是整个太阳系中风力最为强劲的星球。

　　当我们在地球上时，可以用风向标，一种有点像风筝的小装置来检测出风在朝哪个方向吹。但在海王星这样的星球上恐怕就没那么奏效了，风向标大概会四处乱飘，指向所有方向吧。

　　接下来我们就要用纸杯和丝带来做一个简单的风向标。

　　✩ 不同大小和尺寸的丝带
　　✩ 一个纸杯
　　✩ 一把剪刀
　　✩ 一卷双面胶
　　✩ 一卷透明胶带

　　风向标是一种检测风流动方向的工具。首先，你需要思考下如何连接丝带和纸杯。你可以麻烦身边的成人帮你在纸杯的杯口附近打一个洞，再系上丝带。或者，你可以在杯口内壁粘上双面胶，再粘上一根丝带。除此之外，你还需要让成人帮忙在杯底打上一个洞。然后你把另一根丝带穿过这个洞去，并用透明胶带粘牢。你可以拉着这根丝带进行检测，也可以用这根丝带把风向标系在户外的其他东西上进行检测。

　　如果实验当天的风很大，可以改为将风向标系在屋子外面。你会看到风向标上的丝带四处乱飘，意味着外面有很多不同方向的风。如果实验当天没什么风，也别着急。你可以自己拉着风向标在户外跑一跑，也能发现上面的丝带随着你奔跑带起的风在飘动。你能试着通过风向标辨别出风在朝哪里吹吗？

✩ 趣味拓展

　　接下来，我们要制作一架纸飞机。需要注意的是，飞机的机翼要宽大，这样能兜住更多的风，帮助飞机飞得更久更远。约上你的小伙伴们，在户外比比看谁的纸飞机更厉害吧！

滚来滚去的天王星

✪ 背后的科学——天王星不同寻常的自转方向

天王星是一颗气候严寒多风的行星，拥有许多卫星和一个黯淡的行星环系统。它最特别的地方在于它的自转轴倾斜度极大，可以说几乎是躺在轨道上运转的。虽然地球的自转轴也有所倾斜，但并没有天王星倾斜得那么夸张。想象一下这个画面，其他星球都是像陀螺一样围绕着太阳旋转运动，只有天王星，像一颗球，躺着绕着太阳滚动。这意味着天王星的南北两极在漫长白昼和漫漫长夜间不断切换。

天王星比海王星要大一些，但质量比海王星轻。天王星的表面看起来是蓝绿色的，这是因为在它的大气层中含有大量的甲烷气体。我们即将要做的实验就是关于天王星那与众不同的星体运动的。需要用到的东西有：

✪ 不同颜色的雕塑黏土

✪ 竹签若干

首先你需要用雕塑黏土制作出太阳、天王星和另外一个你想要做的行星。用黄色的黏土来做太阳，绿色的做天王星，再选择另外一个颜色做剩下的那颗星球。除了天王星之外的星球运转方式都差不多，所以你选哪颗都没问题。

制作的时候还必须特别注意每颗星球的尺寸大小。要记住，太阳是太阳系中最为庞大的天体。而天王星是太阳系巨行星之一，如果你选择的另外一颗行星是内行星，那和天王星相比，它就要被塑造得小很多。一旦3颗星球都制作完成，你接下来需要做的就是在每颗星球中间穿上一根竹签。这根竹签就是自转轴，转动竹签，星球就会随之转动。还记得我们之前提到过的吗，行星自转一圈所花费的时间就是一天，围绕太阳公转一圈所花费的时间就是一年。

你要如何模拟天王星的运转呢？试试看将竹签上下翻转能不能达到你想要的样子吧！

✪ 趣味拓展

不妨在你刚做好的模型中多加几颗行星吧。拿出一张黑色卡纸做底板，将太阳模型放在其中央，再把其他行星模型依次排放到其周围，试试看，你能办到吗？

摩擦摩擦，火箭飞跃的咒语

✿ 背后的科学——静电

你曾经有过拿着一个气球在头发上摩擦后，看着自己的头发直直地竖起来的经历吗？这神奇的一幕是怎么发生的呢？

只要你把气球放在自己头发或者羊毛毛衣上摩擦几下，气球就会带上静电，这是一种由某些材料相互摩擦而形成的电。

接下来的实验中，我们就要利用静电来让面巾纸火箭飞在气球上面。你觉得面巾纸火箭的大小会影响它的航行吗？是火箭越大飞得越高，还是火箭越小飞得越高呢？让我们准备好下面的材料开始寻找答案吧！

- ✿ 几张面巾纸
- ✿ 一把剪刀
- ✿ 一个气球

首先，用剪刀把面巾纸剪成大小不一的火箭形状后分开放置在桌面上以备测试。气球吹满气扎好后在头发或羊毛衫上多磨擦几下。如果你用的是自己的头发，不一会儿，你就会发现它们都竖了起来。这是因为气球在摩擦中带上了静电，而静电能吸引诸如头发之类的较轻物体。将摩擦过的气球举到面巾纸做成的火箭上方，你将看到它们都朝着气球纷纷跃起，哪艘火箭飞得最高呢？如果你把气球举得离火箭更近一些，它们甚至会紧紧贴在气球表面。面巾纸是如此之轻，所以才能轻松地飞跃到气球上。你觉得其他种类的纸能办到吗？你能设计一个实验来找出答案吗？

✿ 趣味拓展

你一次能把多少气球依靠静电粘在墙面上或自己身上呢？可以叫上小伙伴们一起比赛试试哦。

试着将气球和不同材质的布料摩擦，其中的哪些布料最容易生成静电呢？你应该会注意到，羊毛和合成纤维材料最容易产生静电。

✿ 学习园地

日常生活中的物质及宇宙中的大多数物质都是由原子组成的，而原子是由携带正电荷的原子核与环绕在其周围的，多个携带负电荷的电子所组成的。当物体相互接触时，电子偶尔会在两者之间随意跳动转移。这样一来，失去了电子的物体就载有正电荷，而得到电子的物体则载有负电荷。在我们刚才做的实验中，气球在摩擦时吸引了额外的电子，负电荷不断聚集产生了静电。之所以面巾纸火箭能飞在空中或者跃到气球上，就是因为有静电在不断吸引着它们。

冰上火箭的妙趣旅程

✿ 背后的科学——摩擦力

你是否听说过冥王星呢？它曾经一度被视作太阳系的第九颗行星，但已经被重新划分为矮行星。尽管矮行星依然会围绕着太阳旋转，但因为体量太小，不能被视为行星。

冥王星是一颗岩石嶙峋、冰天雪地、寒冷刺骨的星球，这都是因为它与太阳之间的距离非常远，大概是地球到太阳之间距离的近 40 倍。太阳光仅仅需要 8 分钟就能到达地球，而到达冥王星，却需要将近 5 个小时！

如果人类有朝一日能前往冥王星，我们首先需要的就是一艘能在广阔冰面上正常航行的宇宙飞船。交通工具要能在冰面上安全轻松地行驶，离不开大量的摩擦力。准备好下面的工具和材料，看看摩擦力是怎样影响我们冰上的航行之旅吧！

- ✿ 清水
- ✿ 一个烘烤盘
- ✿ 毛毡纸，气泡纸，白纸和玻璃纸
- ✿ 一卷双面胶
- ✿ 中等大小的塑料瓶盖若干
- ✿ 一根吸管
- ✿ 一把剪刀

首先，我们需要制作用于测试的冰面。向烘烤盘里倒入清水，水的高度大约是 1cm，然后将烘烤盘放入冰箱冷冻层，待清水完全冻成冰块之后取出。

在等待清水结冰的过程中，我们来制作冰上火箭。用剪刀将毛毡纸、气泡纸、白纸和玻璃纸剪成火箭形状。把双面胶贴在塑料瓶盖外面一侧后粘牢在每个火箭上，就完成啦！

接下来，把做好的火箭放到冰面上，排列成一排。然后用吸管依次朝着每个火箭的塑料瓶盖吹气。试试看，你分别需用多大的力气才能吹动每个火箭呢？

实验过后，你可能会发现，表面越粗糙的火箭越难被吹动，这其实是因为它与冰面之间的摩擦力更大所造成的。

如果你想要一台能抓牢冰面、在上面不打滑、行驶起来更为安全顺畅的交通工具，你就需要配置表面粗糙的轮子来增大接触面受到的摩擦力；相反，如果你想要它能自由滑动，则需要保证接触面尽可能地光滑，从而减小摩擦力在其运动过程中的阻碍。

✿ 趣味拓展

除了我们实验中用到的办法，另外一种增加交通工具与冰面之间摩擦力大小的手段是在冰面上泼洒小石子、沙砾或者盐。试试看，在你的冰面上撒一层沙砾或者食盐，再按照刚才的实验流程测试一下每艘火箭，你发现什么了呢？让它们移动起来是不是更费劲了？另外，加了食盐的冰面也会变得更容易融化，这是因为盐会降低水的凝固点，从而加速了冰层的融化。

✿ 学习园地

摩擦力已经是我们的老朋友啦！你还记得它吗？当物体之间相互摩擦时就会产生摩擦力，它会延缓物体的运动速度。物体接触面越粗糙，生成的摩擦力越大；相反，物体接触面越光滑，生成的摩擦力越小，要牢牢记好哦。

学习资源大搜罗

找不到活动中所需要的实验工具或者材料？旅行过后还意犹未尽、想要了解更多关于星空和宇宙的知识？不妨试试下面这些网站和手机应用吧！希望你能找到自己需要的信息或帮助。

鲍勃的科学小店（SCIENCE BOB STORE）

www.sciencebobstore.com

在这里，你可以找到胶卷筒，滤纸和紫外线光珠等实验材料。

卡罗莱纳生物实验资源供应（CAROLINA BIOLOGICAL SUPPLY）

www.carolina.com

在这里，你可以找到注射针筒，滤纸和紫外线光珠等实验材料。

家中科学小实验工具（HOME SCIENCE TOOLS）

www.homesciencetools.com

在这里，你可以找到电池组，LED 灯，滤纸和紫外线光珠等实验材料。

星座地图应用软件

SkyView（"天空观测"），免费，支持安卓与苹果系统
Night Sky（"夜空"），支持苹果系统
Night Sky Lite（"夜空"简版），支持安卓系统

美国国家航空航天局（NASA）官网

www.nasa.gov

在这里，你可以找到关于宇宙和航天航空的丰富资料，包括各星球的清晰照片，星座位置图和教育材料等等

致谢

　　首先，我想要向我的丈夫致以最深的谢意。你是如此的耐心体贴，每每回到家中，迎接你的不是一个溅满颜料的庭院，就是一张放满了橡皮泥的餐桌，可你从不抱怨；相反，你始终理解，包容着我，不管我做什么，总是给予我支持与鼓励。

　　我还要谢谢我的孩子们。你们每天那仿佛永远不会耗尽的充沛精力，无所束缚的创造力与无休无止的问题，无时无刻不在启发着我，推动着我，给予我源源不断的灵感与动力。从提出点子到耐心地配合插图拍摄，你们参与了这本书中的每个活动环节。没有你们，我永远办不到，这本书也就不会存在。

　　我还要由衷感谢所有支持我博客的朋友们，你们实在是太棒了！尤其是玛吉（Maggy），西瑞丝（Cerys）和安娜（Anna），在你们的帮助下，原本只是一个小小博客的"科学火花"（Science Sparks）能发展成今天这样一个有着全世界广大受众的网站，实在是太令人不可思议了！我还想要对琳尼（Lynne）和托比（Toby）献上我最真挚的感谢，你们的热情与鼓励对我而言意味良多，远比你们能想象到的要更加重要。

　　除此之外，我对佩奇街（Page Street）出版公司的感激之情难以言表，是你们在本书的写作过程中一直向我提供宝贵的指导与建议。我还要对夏洛特·达特致以由衷的谢意，你精妙绝伦的插图赋予了每个实验活动生机，使之跃然纸上。

　　最后，一如既往地，我想向凯瑞（Kerry）说谢谢，没有你，就不会有"科学火花"（Science Spark）的存在，也不会有今天的这一切，我每天都思念着你。

作者的自我介绍

　　从记事起，我就一直痴迷于科学。小时候，总是和我弟弟一起制作小苏打食醋火山、飞船弹射器和太阳能炉等等，共同度过了无数个愉快的夏天。

　　等到进入青春期，与科学有关的科目总是我的最爱。这份热爱引领我在大学时代最终选择了学习微生物学与病毒学专业。等有自己的小孩后，我希望能鼓励他们像我一样热衷于科学，培养他们对科学的兴趣。父母和孩子们坐在一起，共同计划完成一项科学活动，如此共度一天，是多么有价值呀！孩子们在活动中不仅仅只会模仿大人们在做什么，他们还会加入自己独特的构思，所以每个孩子做的结果都不尽相同。当和自己的孩子们一起做实验时，总是惊异于他们那源源不断的创造力、好奇心与求知欲。

　　自从我的第三个孩子降生后，我暂时停止了自己在信息技术产业领域内的工作，转而将精力投入到了关于科学活动的博客写作上，这最终促发了"科学火花"网站：www.science-sparks.com 的诞生。其中的实验活动大多受启于我们阅读过的书籍或一直以来孩子们向我们提出的问题。我们一家人在活动过程中共同学习、创造，收获了许多乐趣。科学已经成为了我们家庭生活中极为丰富且珍贵的一部分。

　　过去七年，我花费了大量时间在学校里做志愿活动，检测我们的研究和想法、组织午后的科学实验、运营科学俱乐部等等。在此过程中，看到孩子们面对同样的活动，却能给出各自迥异的反应；看到最初的一个问题能够接二连三地引发出他们许多其他新的问题；看到他们在学习的同时能玩得如此开心，我收获良多，倍受启发。希望这本书能给更多孩子和家庭带去科学的快乐。

图书在版编目（CIP）数据

玩转火箭的 70 个小实验/［英］艾玛·万斯通著 ； 许粟芸译. —
长沙 ： 湖南科学技术出版社，2022.2
ISBN 978-7-5710-1269-4

Ⅰ. ①玩… Ⅱ. ①艾… ②许… Ⅲ. ①火箭－科学实验－青少年
读物②天体物理学－科学实验－青少年读物Ⅳ. ①V475.1-33②P14-33

中国版本图书馆 CIP 数据核字(2021)第 208839 号

WANZHUAN HUOJIAN DE 70 GE XIAO SHIYAN
玩转火箭的 70 个小实验
著　者：［英］艾玛·万斯通
译　者：许粟芸
出 版 人：潘晓山
策划编辑：孙桂均
责任编辑：孙桂均 李 蓓 王梦娜
营销编辑：吴 诗
出版发行：湖南科学技术出版社
社　址：长沙市芙蓉中路一段 416 号泊富国际金融中心
网　址：http://www.hnstp.com
湖南科学技术出版社天猫旗舰店网址：
　　　　http://hnkjcbs.tmall.com
邮购联系：0731-84375808
印　刷：长沙市雅高彩印有限公司
　　　　（印装质量问题请直接与本厂联系）
厂　址：长沙市开福区中青路 1255 号
邮　编：410153
版　次：2022 年 2 月第 1 版
印　次：2022 年 2 月第 1 次印刷
开　本：889mm×860mm　1/16
印　张：9.75
字　数：116 千字
书　号：ISBN 978-7-5710-1269-4
定　价：79.00 元
　　　　（版权所有 · 翻印必究）